美麗的

地球

圖解生態系，
了解我們生存的自然環境

THE WONDROUS WORKINGS OF

PLANET EARTH

UNDERSTANDING OUR WORLD AND ITS ECOSYSTEMS

BY RACHEL IGNOTOFSKY

TEN SPEED PRESS
CALIFORNIA | NEW YORK

目錄

我們生活的
大世界

超乎你想像中
的渺小

前　言

當你讀到這一頁時，有隻美洲豹正在亞馬遜熱帶雨林中狩獵、珊瑚礁充滿生機、紐約市有個單車郵差拿著貝果。他們之間似乎毫無關係，但事實上，所有的生物的共通點，多得遠超過你的想像。

首先，我們都生活在地球上。動物、植物和人類一起在外圍的空間中轉動，只受到一層薄薄的大氣層保護。接著，地球上的一切（我指的是一切！你的狗、汽車、晚餐的義大利麵，甚至你！）都是由原子組成的。最後，所有生物：無論是或大或小、無論是用光能合成醣類的植物、抑或吃三明治的人類；都由食物建構自己的身體並獲得能量。每個生物都仰賴於地球有限的資源才能生存。為了瞭解我們之間的關係，必須要瞭解地球的生態系。

地球上的生命究竟是如何運作的？這是個複雜的問題，也能感受到世界如此巨大。你可以像學習如何照顧室內植物一樣，輕鬆地了解遼闊森林的複雜運作；或是將整個地球當成瓶子裡的標本或桌上的地球儀一樣，就容易探索了。你會看到風將富含養分的塵土從撒哈拉沙漠吹過大西洋，成為亞馬遜熱帶雨林的沃土。亞馬遜的樹木在空氣中釋放出大量的氧氣。氧氣分子與大氣混合後，進入世界各地動物和人類的呼吸系統。這樣的故事，可以不斷地說下去。在這本書中，我們將深究世界上最大和最小的生態系的運作方式，以及自然世界如何相輔相成，維繫地球上的所有生命。

觀看地球的同時，你也會看到人類。在整個人類歷史中，我們同時以正面和負面的方式改變的地景地貌。你會看到人類呵護賴以為生的土地，例如蘇格蘭荒野中的牧羊人開挖溝渠讓泥沼保持濕潤；看到人類如何擬定為野生動物著想的策略。在肯亞，人類在高速公路下方建造動物通道，讓大象可以每年持續在莽原上大遷徙。你也將看到科學家、政府和社區聚集在一起劃設自然保護區。但是，你也會看到人類的土地利用方式如何損害大自然。

人類面臨最大的挑戰是學會負責任地使用自然資源。隨著越來越多的人生活在地球上，她將變得越來越小。我們需要更大的農場，城市需要持續擴張。但是，隨著不停地建設開發，摧毀地球上無可取代生態系提供的惠益，是我們無法承擔的代價。不負責任的土地經營管理、快速且過度地使用資源，導致污染、氣候變遷和破壞重要生態系，反倒使人類和地球上所有的生命更難以興盛長存。

保護地球的第一步是更瞭解她。唯有真正瞭解大自然，我們才能取用資源而不造成破壞。我們可以一起找到新的方法來務農、生產能源和發明新材料。但是，如果有些人已經難以溫飽，我們不該要求他們還得關心地球。一般來說，貧困社區往往得仰賴盜獵和盜伐等對環境有害的違法行為才能生存。解決貧困問題、創造更好的務農方式和基礎建設，還是能提供所有人攜手保護地球的方針。

地球是我們唯一的家園。她很珍貴，而且需要關心。保護地球的力量取決於每個人。也就是說，世界的未來真的掌握在你的手中。

生態階層系統

生物圈

地球上所有的生命都在這裡。

生態區系

特定區域內，含有特殊氣候型態（主要是氣溫和雨量），有一群特別的野生動植物適應這個氣候環境而在此生存，且繁衍興盛。

生態系

所有的生物和環境因子彼此交互作用的特定範圍。

生態區系分布圖

☆ 都市

雖然都市、城鎮、郊區不屬於任何生態區系，但是，人類已經大幅改變了地球，因而將我們目前所生存的地質年代稱為「人類世」。

這個世界又大又複雜！你可以研究整個地球，或是探討某一種生物的生態習性。生態所有的內涵可以分為各種生態階層。最高的階層是生物圈，涵蓋地球上所有的生命。在生物圈之後，我們會接著觀察規模更小、又各具特色的階層。最基礎的生態階層是生物個體，例如一隻松鼠。生態階層就像俄羅斯娃娃，每個層級都能剛好置入下一個更高的層級。

群聚

生態系中所有生物的統稱，例如植物、真菌、動物和細菌，不包含空氣、髒汙、水或其他不具生命現象的物體。

族群

松鼠的目標：找到橡實

生存於同一個群聚內，由一群相同物種的生物個體組成的群體。

個體

我住的地方稱為棲地，我的一舉一動是我的棲位

某一隻特定的生物。

生態區系只是一種大致分類和描述地球各地區的方式。每個生態區系由其氣溫和雨量以及在該氣候環境中演化的生物所決定。生態區系可分為陸域和水域兩大類。生態學家再進一步將這兩類細分為更具體的類別，生態區系分布圖可以由許多方式劃分，讓我們知道，原來即使在世界兩端，也能有相似之處。

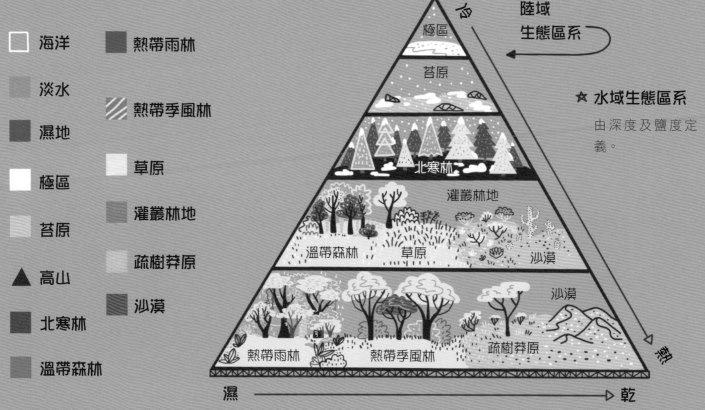

□ 海洋
　淡水
■ 濕地
□ 極區
　苔原
▲ 高山
■ 北寒林
　溫帶森林

■ 熱帶雨林
▨ 熱帶季風林
　草原
　灌叢林地
　疏樹莽原
▨ 沙漠

陸域生態區系

☆ 水域生態區系
由深度及鹽度定義。

極區
苔原
北寒林
灌叢林地
溫帶森林　草原　　沙漠
熱帶雨林　熱帶季風林　疏樹莽原　沙漠

冷　　熱

濕 ──────────────→ 乾

生物的分類

分類階層系統幫助科學家分類和鑑定不同的物種。科學家將地球上所有的生物分門別類，讓我們明白地球上的生命是如何演化的，以及不同物種的共同之處：即使已經滅絕了數千年或是生活在世界另一端的生物！

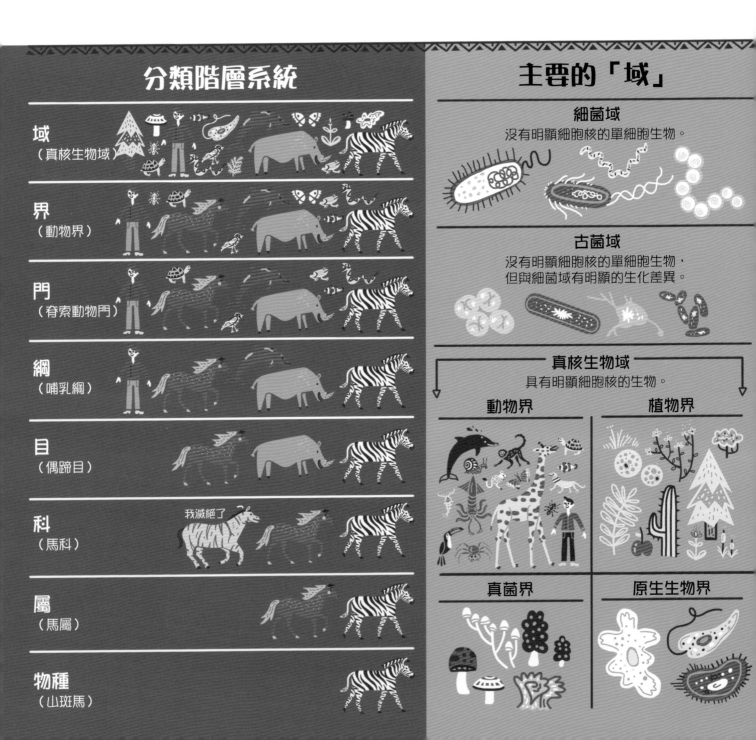

分類階層系統

域
（真核生物域）

界
（動物界）

門
（脊索動物門）

綱
（哺乳綱）

目
（偶蹄目）

科
（馬科）

我滅絕了

屬
（馬屬）

物種
（山斑馬）

主要的「域」

細菌域
沒有明顯細胞核的單細胞生物。

古菌域
沒有明顯細胞核的單細胞生物，但與細菌域有明顯的生化差異。

真核生物域
具有明顯細胞核的生物。

動物界　　　**植物界**

真菌界　　　**原生生物界**

生物的交互作用

你可能已經在電視節目中看過獅子獵捕斑馬，但是，這只是動物交互作用的方式之一。競爭食物和生存資源、尋找棲所和繁殖是所有生物的首要任務。為此，動物、細菌和植物已經演化出許多不同的交互作用方式，才得以生存。這些交互作用有助於維繫生態系的健全與動態平衡。

捕食關係
某隻生物吃掉
另一隻生物

寄生關係
某生物傷害其他
生物獲得好處。

互利關係
雙方都能獲得
好處。

片利關係：
一方能受惠，另一方
不受影響。

種間競爭關係
不同的物種競爭相同的生存資源。

棲位分化
兩種物種演化出不同的生態
棲位或行為來間接競爭相同
的資源。

種內競爭關係
相同的物種競爭相同
的生存資源。

是什麼
在維護生態系的健全

水災！龍捲風！火災！疾病！生態系中的動物和植物必須面對各式各樣的生存挑戰。健全且完整的生態系面對恐怖的天然災害、環境變遷與挑戰，較具備調適能力。

生物多樣性

多樣化的生態系是許多動物、植物及其他生物的棲所。「生物多樣性」是生態系強健與健全的重要指標。當生態系的多樣化程度越高，野生生物便有更多機會獲得食物和庇護所。生物多樣性也意味著更複雜的食物網，和更多的物質循環和分解的「管道」，最後在地表形成新的土壤供植物生長。

不同的物種，對環境變化的應對方式與反應也不盡相同。舉例來說，想像一片只有一種樹木的森林，那種樹就會是森林中整個食物網唯一的食物和棲地來源。如果發生突發性的乾旱，且造成該樹種死亡。植食性動物就會完全失去食物來源而跟著消失，接著是以牠們為食的生物死去。但是，當生物多樣性夠高時，突發狀況所產生的效應就不會如此劇烈。不同植物對乾旱的反應不同，許多植物能在乾季存活。許多動物也就有了更多的食物來源，而不必只仰賴單一樹種。如此一來，森林生態系便再也不會消失。

大自然中，環境變遷、干擾、甚至災害是難以避免的。有些干擾會對生態系造劇烈的影響，可能會消滅所有的動物、植物或微生物。但是，具備完整生物多樣性的生態系，就能讓更多物種生存，讓生態系更有能力恢復。生物多樣性越低，生態系就越脆弱。

生態棲位

「生態棲位」是指生物在生態系中所扮演的腳色，包括棲地為何？如何獲得食物、繁殖、與其他生物交互作用？如果兩種不同的物種有相同的生態棲位，就只會有一種能占上優勢，競爭輸的一方如果不改變生態棲位或適應環境，那就只有滅絕一途。

關鍵物種

某些生態系中，幾乎所有的生物群聚都直接或間接仰賴的動物或植物。如果關鍵物種的族群數量減少或面臨滅絕威脅，表示整個生態系將會瓦解。

以紅樹林中的紅樹作為關鍵物種的例子。

物種均勻度

如果森林裡的狼比兔子還多，會發生什麼事呢？狼群會在下一批兔子出生之前，就把所有的兔子都吃得精光。掠食者與獵物之間的平衡會阻止這種事情發生。如果任何一種頂級掠食者的數量比獵物還要多，那麼整個族群便會招致滅絕。透過估算生物的族群量，生態學家能確認該生態系的平衡狀況和健全與否。

屬於相同營養階層的動物之間，也必須維持動態平衡。如果生態系裡的兔子太多，草本植物的數量可能不足以供應這些初級消費者生存所需。同樣的，如果疾病蔓延（如兔熱病）且重創整個族群，而該營養階層又只有一種生物時（這裡以兔子為例），所有的大型掠食者也會跟著滅絕，因為他們再也沒東西吃了。瞭解物種的族群，讓人們以有效的狩獵方式維護生態系。維持物種間的平衡能有效維繫生物多樣性。

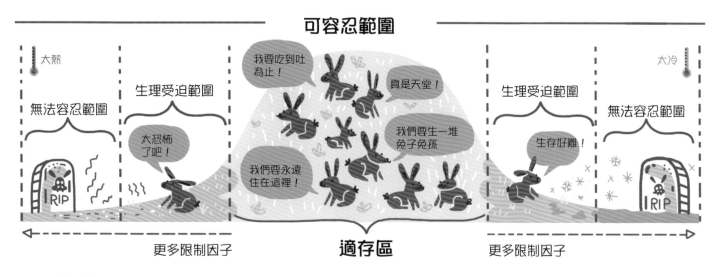

如果生態系中有太多限制因子，例如掠食者、缺乏資源、惡劣天氣或疾病，那麼族群就會完全滅絕。反之，如果限制因子不足以造成影響，而對某一種生物來說生存相對容易，族群就會失控而大幅增加。如此一來，便會導致單一物種完全勝過其他生物，直到該地區的生物多樣性毀滅、資源過度利用或甚至消耗殆盡。

邊緣

生態系的邊緣區和其核心區一樣重要。邊緣區是指兩個截然不同的生態區系或生態系之間的「過度區」。

你可能看過森林和草原之間的過度區，或是河流兩側陸地到水面的河岸植群變化。過度區融合兩側生態環境的特性，但同時也有邊界的功能，會排斥或吸引不同種類的動物。過度區能作為保護內陸不被土壤侵蝕的緩衝區、保護生態系的核心區不受入侵種影響、提供某些物種特殊的環境與資源需求。一般來說，生態過度區是最適合繁殖、躲藏和保育幼體動物的場所，發育成熟後再進駐主要棲地。

有些動物和植物只適合棲息在生態過度區，或緊鄰生態過度區，這一類的生物稱為「邊緣物種」。另外一類，只能棲息在生態系的核心區域，邊緣地區則是活動範圍的邊界，稱為「內部物種」。生態緩衝區圍繞著生態核心區，當人類開闢道路或建築物的時候，沒有將關鍵的邊緣效應納入考量，對核心區內野生動物活動空間會的壓縮和危害將會超乎預期。

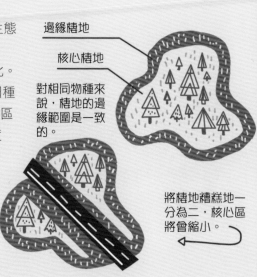

邊緣棲地

核心棲地

對相同物種來說，棲地的邊緣範圍是一致的。

將棲地糟糕地一分為二，核心區將會縮小。

演替

改變可以是好事！從生命在地球上出現以來，已經發生許多變化。地球上有許多不同優勢物種的地質年代。從恐龍的大規模滅絕到大城市的建設，生命必須做出改變以因應劇烈的環境變化。「初級演替」是植物第一次在荒地從孕育土壤到植群生長的過程。「次級演替」則是生態系受到中度規模的干擾影響後的植群變化過程。

小規模的天然干擾有時候確實會讓生態系更為健全且恢復力更好。舉例來說，中小規模的野火會摧毀部分的森林，燃燒過後的地區會形成新的微氣候，讓小型植物有機會進駐。新生的草本植物、野花和灌木，會將火燒跡地填滿，形成新的棲地類型。如此一來，森林裡有更多種類的野生物，生物多樣性也就更高，讓生態系更具恢復力。有生態系必須仰賴野火、水災或季節性霜害等中度干擾才能成形。

在任何生態系，大大小小的干擾都會發生。干擾的規模可以小至卡車停在草坪上；毀滅性的干擾就像大約 2 億 5 千萬年前的「二疊紀－三疊紀滅絕事件」，導致地球上 70% 的生命消失。就目前所知，在干擾之後，生命會有一段復甦期，唯一的差別是復原所需的時間。干擾的規模越大，生命復原所需的時間越長，有時候需要數百萬年。

人類的擴張是地球目前最大的困境，日益惡化的污染和都市的擴張都大幅地改變地球，導致野生動植物急速滅絕。有些科學家認為人類改變地球的地景地貌，對許多物種來說，將會是下一場大滅絕事件。我們與許多生物共享這個地球，隨著人性意識逐漸成熟，我們必須意識到人類對其他生物造成的干擾。

初級演替

「先驅物種」進駐尚無生物棲息的地方，
將土壤和水分轉變為更適合孕育生命的形式。

── 荒地 ──

火山爆發或隕石撞擊導致岩質地表覆蓋整個環境，以致於了無生機。生命也許能快速復甦，也可能需要數百萬年的時間。

── 先驅物種 ──

降雨等氣候因子改變土地。風力把細菌、微小的植物、以及苔蘚、地衣和藻類的孢子帶進來。它們隨著時間世代交替，逐漸孕育土壤。

── 肥沃的土壤 ──

貧瘠的岩石或隨著時間分解，先驅物種讓土壤更加肥沃之後，小型的植物便能進駐生長。

次級演替

發生在初級演替之後，但是，干擾發生後，
如果沒有將整環境摧毀，次級演替也常常發生。

初級演替完成，有了健全的土壤作為植物和種子的生育地。

── 草生地 ──

── 灌叢地 ──

── 初期的森林 ──

干擾發生後，土壤還算完整，留下許多種子和植物。

── 成熟的森林 ──

以森林為例

小尺度生態系

通過放大和縮小來檢查各種規模的生態系統，可以更了解我們的自然世界的運作方式。大型生態系通常由許多較小的生物群聚和生態系組成，有時甚至有自己的微氣候。共享這些微棲地的生物和非生物可以與來自更大生態系的生物交互作用，因為這些小規模生態系也是其中一份子。 舉例來說，池塘本身就是一個封閉的生態系統，還為森林中的動物提供飲水和食物。小型生態系通過創造更多資源和更高的生物多樣性，使更大規模的生態系更加穩定。 以下是兩個微生態系的例子。

朽木

蠹蛾

地衣

蠹蛾的幼蟲

絨啄木鳥

木材

白蟻

秀珍菇

蜈蚣

木材腐朽菌

巨山蟻

木蠹蟲

樹液

蚜蟲蜜露

細菌

池塘

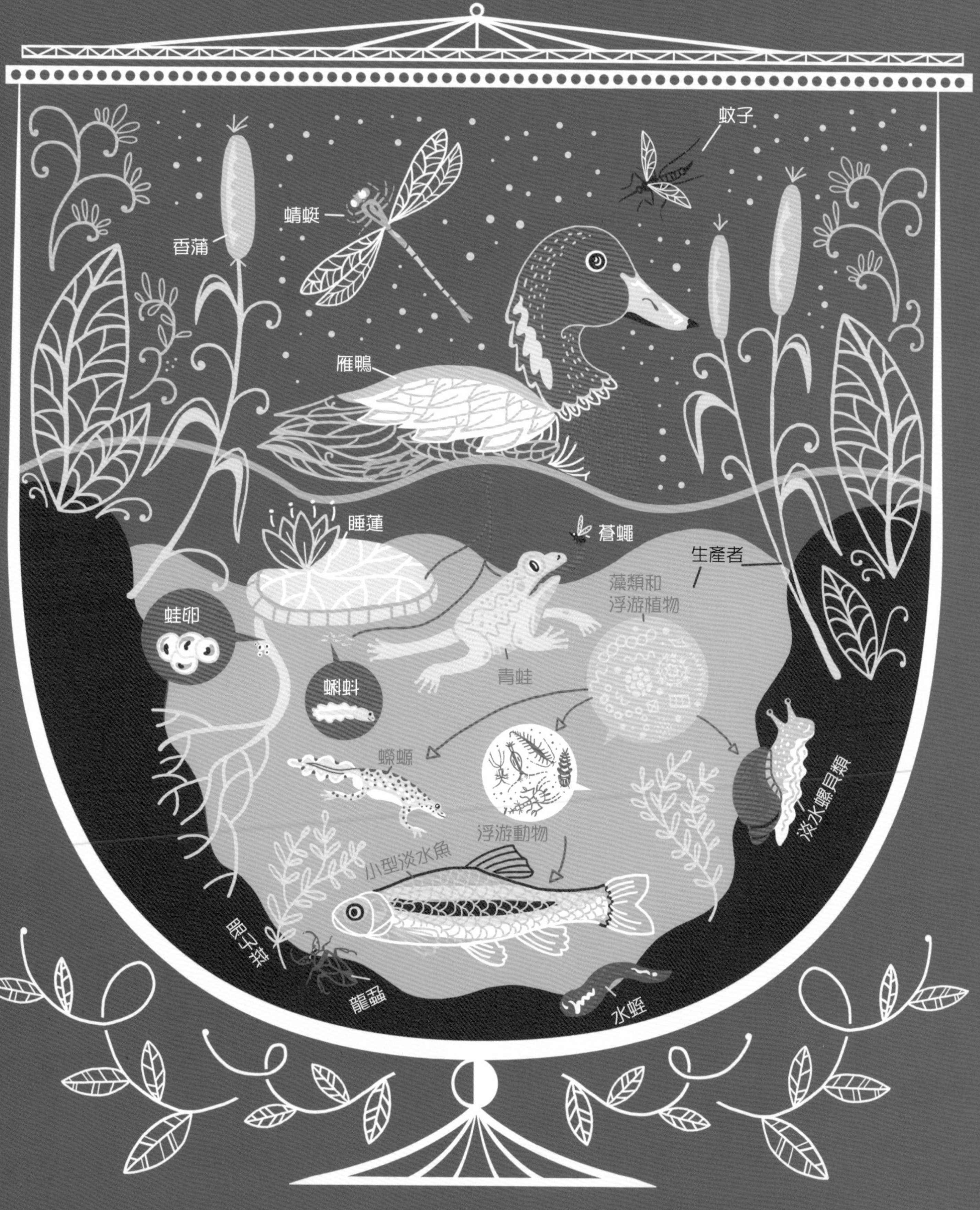

蚊子
蜻蜓
香蒲
雁鴨
睡蓮
蒼蠅
生產者
藻類和
浮游植物
蛙卵
蝌蚪
青蛙
蠑螈
浮游動物
淡水螺貝類
小型淡水魚
眼子菜
龍蝨
水蛭

紅杉森林生態系

在世界上最高的森林裡，如摩天大樓般的樹木浸在離海洋不遠的濃霧中。在紅杉森林裡，海岸地區的紅杉的高度可超過 300 英尺，樹齡超過 2,000 年。他們是 1.6 億年前侏羅紀時期一同生活的樹木親戚。正如美國作家約翰・斯坦貝克所寫的「『紅杉』和其他樹木不同，他們是另一個時代的大使。」

紅杉是地球上極具韌性的物種之一，能夠承受洪水和森林火災。紅杉的樹幹內含有大量的水，讓他們能在林火燃燒後存活下來。這很方便，事實上，因為適度的火災有助於其他樹木競爭和茁壯，如冷杉、雲杉和西方鐵杉。在紅杉森林裡，小規模的林火有助於維持生物多樣性，預防更大的災難性森林大火。

雖然紅杉極具韌性，但它們只能在非常特殊的涼爽和潮濕環境中存活。海岸地區紅杉沿著北美太平洋海岸的狹長地帶生長，海洋讓那裡降雨和起霧。大量的雨水會引發洪水並且讓土壤中的養分流失。在林地上，昆蟲、真菌與苔蘚等分解者會分解燒毀的樹木和死去的動植物讓土壤恢復活力。透過分解作用，這個生態系正在努力製造新的表土，結果相當好。審慎的林火管理、供給生態系服務、並且受到美國國家公園系統的保護，使遊客可以繼續享受這片古老的森林。

紅杉的生長速率是每年五立方英尺（相當於 3 百 2 十萬支鉛筆）。

紅杉的樹幹基部有樹瘤，樹裡面充滿種子。當主幹被破壞時，這些休眠的種子便開始發芽，生長為一棵新樹。

19 世紀晚期至 20 世紀初期，有些加州紅杉和世界爺（內陸樹種）的樹幹上有隧道，遊客可以開車通過。有些樹木隧道至今還存在，但是，在紅杉的樹幹上挖隧道，最後都會讓樹木死亡。

紅杉森林外海可見到海豹、海獅、海豚和鯨魚。

夏威夷的原住民用加州海岸漂過來的紅杉倒木製作 100 英尺長的獨木舟。

加州紅杉379英尺
大笨鐘316英尺
世界爺275英尺
花旗松250英尺
蘋果樹20英尺
人類5英尺

最大的惠益

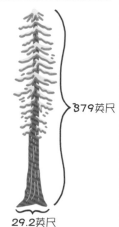

世界各地的茂密森林從大氣中吸收碳並產生氧氣。但是，紅杉森林以英雄般的速度吸收碳。大型的海岸紅杉的生長速度快，其樹幹中的碳含量比其他大多數樹木多三倍。隨著來自汽車和工廠二的氧化碳污染增加，保護紅杉比以什麼都更加重要。

379英尺

29.2英尺

最大的威脅

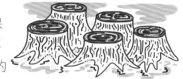

儘管大部分紅杉森林受到保護，但是，森林仍然受到不良的伐木作業和城市擴張的威脅。邊緣地區的生態像是分水嶺，保護森林避免受極端洪水的侵襲。當樹木被伐除且周圍的生態系受干擾時，可是會傷害整個森林。生態學家正在努力復育受影響的紅杉森林，同時不影響天然擾動，例如對森林有益的小規模林火。

佛羅里達紅樹林沼澤的生態系

在紅樹林的沼澤中迷路並不難：遊客經常得穿過一片密密麻麻的紅樹林樹根和樹枝。這些樹根和樹枝可能看起來亂七八糟，但卻是使這個生態系統如此成功和重要的因素。

紅樹林廣泛分布於全球熱帶地區。佛羅里達州的紅樹林是處於生態系邊緣的環境（生態過度區），位於大西洋的鹹水和淺淡水的「綠草之河」之間，稱為「大沼澤」。紅樹林是許多種灌木和喬木的通稱，生長在微鹹的沿海水域，能夠過濾鹹水以產生自己所需的淡水。紅樹林為許多動物提供棲息地，密集的根系可作為屏障，保護佛羅里達州的沿海土地免於侵蝕和風暴的破壞。

如果上述特點都不足以讓紅樹林獲得 MVP 殊榮，那麼，紅樹林的葉子也是整個生態系食物網的基礎，使其成為關鍵物種。細菌和甲殼類動物的幼蟲在水中分解落葉，吸引大型的動物、鳥類和大型掠食者（當然）。白鵜鶘和白鷺鷥棲息在紅樹林的枝條上，而短吻鱷和鱷魚完全靜止地漂浮在下方的水面，直到下一餐游過去。這個生態系真實地展示了一種植物如何改變整個海岸線！

紅樹林的葉子嘗起來鹹鹹的，是因為葉子會「流汗」以排出根系吸收的水分中的鹽分。

我是鹹的！

佛羅里達南部是地球上唯一鱷科和短吻鱷科共域的地方。

鬣蜥不是佛羅里達的原生生物，但是仍然能看到牠們掛在紅樹林沼澤裡。

現在開始這裡就是我家！

紅樹林的根部有特殊的呼吸管，稱為皮孔；使其在滿潮時能在水中呼吸。雖然植物排出「氧氣」，但也需要消耗一些氧氣在細胞的呼吸作用。

紅樹林　海欖雌　海茄苳　美洲懸鈴木
滿潮　乾潮　往內陸

最大的惠益

紅樹林保護沿海地區免於侵蝕和風暴侵襲，是海洋和潮間帶物種的重要棲息地，包括佛羅里達海牛、美洲鱷和佛羅里達白尾鹿等瀕危物種。紅樹林成為許多海洋動物在發育成熟到能游入海洋之前的孕育場，根系保護發育中的卵、幼魚和甲殼類免於掠食者攻擊。這一點讓紅樹林成為墨西哥灣商業性漁業的重要資源。

佛羅里達白尾鹿
佛羅里達海牛

最大的威脅

自 1950 年代以來，全世界將近一半的紅樹林已受摧毀，或是為了建築而被剷除。紅樹林目前是佛羅里達州保育類生物，但是在墨西哥、南美洲和亞洲仍持續受到威脅。紅樹林的流失減少了大型海洋食物網中，重要水生生物的數量。國際保護組織正在努力保護尚存的重要生態系。

我受到保護
佛羅里達紅樹林

莫哈維沙漠的生態系

美國西南部的莫哈維沙漠是非凡脫俗的地方，點綴著奇形怪狀的紅色岩石和尖尖的約書亞樹，全世界只有這裡有這種樹。莫哈維曾經是許多古老湖泊和河床的遺址，現在已經枯竭。很久以前，這些河流和湖泊在白雪皚皚的山脈旁邊雕刻了現今北美最深的山谷；還留下了隱藏的地下水體和遍布沙漠的豐富礦物。

在雨季期間，莫哈維沙漠的植物種類繁多，仙人掌、灌木和五顏六色的花朵盛開。但是在夏天，你會看到為什麼歐洲人稱之為「上帝遺棄的土地」。這片沙漠有地球上最熱、最乾燥的地方：加州死亡谷。那裡的氣溫經常達到華氏120度／攝氏49度（熱到足以讓腳上的運動鞋融化！），世界紀錄氣溫為華氏134度／攝氏57度！

如何在這種的高溫下生存？生命需要水，沙漠裡的動植物已經能依賴偶發性冬季暴雨和尋找地下水來生存。有些動物根本不喝水，而是由吃下的葉子和種子中獲得水分，例如跳鼠。同時，其他動物只能在夜間離開洞穴，如郊狼或美洲大野兔，以躲避炎熱的太陽。雖然在沙漠的生活很艱困，但莫哈維沙漠獨特的海拔和隱藏的水源使它成為世界上一群最美麗的野生動物和景觀的家園。

死亡谷的惡水盆地是北美洲海拔最低點，高度是海平面下282英尺。莫哈維沙漠的極端海拔梯度形塑了鮮明的對比，盆地周圍有白雪皚皚的山脈。

莫哈維沙漠周圍的群山幾乎擋下所有的雨水，使其無法抵達沙漠。科學家稱之為「雨影沙漠」。

在莫哈維沙漠和大盆地的生態過渡區有世界上最稀有的魚，某些小魚只棲息於魔鬼洞中。魔鬼洞是一個非常深的含水層，世界另一端的地震會導致這裡的水面產生漣漪。

沙漠中的陸龜會雨季時於膀胱內儲存水分，並來度過每年的乾季。（像駱駝一樣，但速度慢多了！）

在莫哈維沙漠有些地區可以找到「迷蹤石」。石頭在乾涸的湖床的平坦表面上劃出小徑，像是自行移動。環境條件合適的時候，薄薄的冰層碎裂，石頭被風吹動，推向乾涸粘土的湖床。

> 前進中！

> 衝啊！

最大的惠益

一般來說，莫哈維沙漠的日照充足、萬里無雲的天氣和高海拔環境，使其成為世界上最大的太陽能發電場。古老的湖床則是歷史上開採鹽、銅、銀和金等礦物的豐富來源。湖泊還留下了地下水源，作為周遭社區和城市的水源。

和植物一樣，將光能轉換成其他能量

最大的威脅

當某處擁有珍貴的自然資源時，即使像沙漠中的水一樣有限，也還是會有人過度使用而造成威脅。周圍的城市一直在耗盡莫哈維沙漠的地下水，剝奪了野生動物仰賴的水源，並導致沙漠表面緩慢下沉。越來越多的沙漠作為垃圾掩埋場。為了保護沙漠，必須更加關注城市的用水方式，並反思我們日常生活丟棄東西的習慣。

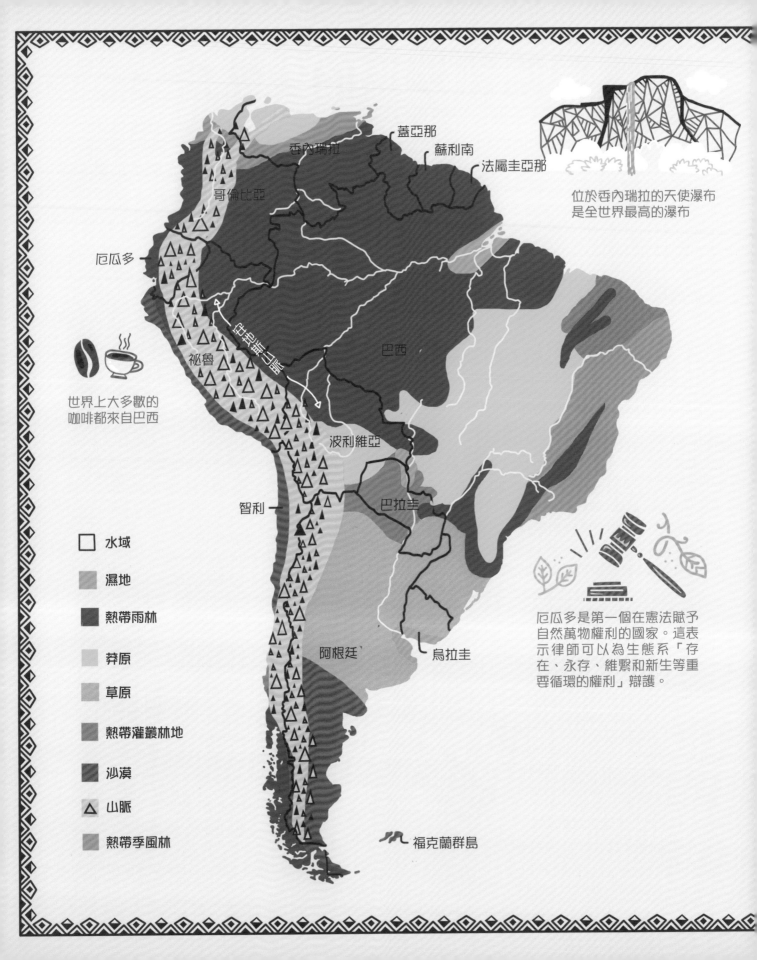

位於委內瑞拉的天使瀑布
是全世界最高的瀑布

蓋亞那

蘇利南

委內瑞拉

法屬圭亞那

哥倫比亞

厄瓜多

世界上大多數的
咖啡都來自巴西

祕魯

巴西

波利維亞

巴拉圭

智利

厄瓜多是第一個在憲法賦予
自然萬物權利的國家。這表
示律師可以為生態系「存
在、永存、維繫和新生等重
要循環的權利」辯護。

阿根廷

烏拉圭

福克蘭群島

	水域
	濕地
	熱帶雨林
	莽原
	草原
	熱帶灌叢林地
	沙漠
	山脈
	熱帶季風林

南美洲

世界上最乾的沙漠和最大的雨林都在同一座大陸：南美洲。安地斯山脈是南美洲的屋脊，是土地的基礎，是世界上最長的山脈！

壯闊亞馬遜盆地的水，來自安地斯山脈的冰河，以及數百條相連的水脈。滋養了可可和咖啡等熱帶農業，也成為全世界主要的木材來源。安地斯山脈阻擋了雨水，讓南美洲西部成為沙漠。又乾又熱的沙漠的蘊含礦產，尤其是銅，至今仍是智利最大的出口產品。山脈東南部是肥沃的阿根廷彭巴草原，出產小麥、大豆和牛肉。

安地斯山脈自然資源的恩賜，讓南美洲成為六大文明的搖籃之一，環境和自然資源讓古代游牧民族定居、務農和建立城市。美洲最早的文明位於現在的秘魯，稱為小北文明。小北文明的第一座城市於 5 千 5 百多年前興建，比古埃及第一位法老加冕還要早幾百年。人們開始栽種南瓜、豆類和棉花等作物，開始改變南美洲的荒野。現今，南美洲是許多文化的故鄉，多元程度就如同其自然地景那樣。南美洲生產的資源、礦物和食品出口到世界各地享用。但隨之而來的是土地過度利用的危機。目前，世界上最大的雨林正在縮減。憑藉我們的生態學知識，保留其重要生態系的同時，從土地學習的新穎和傳統的技術都能善加運用。

亞馬遜熱帶雨林生態系

亞馬遜是世界上最大的雨林，也是地球上生命密度最高、最豐富的地方。2百萬平方英里的雨林，橫跨 8 個不同的國家，其中 6 成位於巴西境內。這片巨大的叢林也稱為「綠色之海」。亞馬遜是地球上將近 10% 已知生物的故鄉。會發光的昆蟲、跳著奇特舞蹈的小鳥、吃肉的魚、嬌小的侏三趾樹懶：想要為牠們命名，就去亞馬遜找吧。

亞馬遜數以百萬計的動植物，勢必得競爭資源。植物為了陽光，必須奮力穿過陰鬱的雨林樹冠層。有些植物演變成不需要在土壤中生長，而是直接長在摩天大樓般高的樹頂上。競爭食物有時會導致專一性的演化，因為物種只會出現在極其特殊的生態棲位。劍嘴蜂鳥的嘴喙比身體還長，因此只能吃到某些特殊管狀的花蜜，其他蜂鳥根本吃不到（想都別想）。

生命隨著亞馬遜河流動，是地球上超長的河流，也是淡水的主要來源。在為期六個月的雨季，超過 2 千億公噸的雨水湧入林床，面積比整個英國還大。在這個季節，魚、甚至海豚都在叢林中游泳。這樣的水源可以滋養大量的樹木，對於製造氧氣和調節整個地球的氣候至關重要。亞馬遜每年吸收超過 24 億公噸的碳。雨林生產了世界上約 20% 的氧氣。這就是亞馬遜雨林稱為「地球之肺」的原因。

亞馬遜的食物資源相當豐富，動物們能吃到飽而且長得高大，例如水豚是世界上最大的齧齒類動物。

雨季期間，淡水性的亞馬遜海牛會離開亞馬遜河，到淹水的森林裡覓食。

雨林的樹冠層是非常厚的枝葉，只有很少量的光線能夠穿透，讓林床幾乎處於永無止盡的黑暗。

亞馬遜是一種稀有淡水性海豚的棲所，稱為亞馬遜河豚。

美洲豹經常獵捕鱷魚，許多人認為美洲豹的圖皮語直譯的意思是「一躍必殺。」

最大的惠益

亞馬遜雨林中高密度的植物，影響著全球碳循環和水循環，製造氧氣、調節天氣型態和全球氣候。3 千萬人（包含 350 個部落和原住民族）住在雨林和周邊城市，他們的食物和工作也仰賴雨林。

CO₂ O₂

最大的威脅

新潮但規劃不良的基礎建設，如建造大型新水壩，破壞了對雨林生活極其重要的水文系統。無法永續且違法的採伐也使叢林大難臨頭。森林中燃燒的熊熊烈火，是為了畜牧空間而燒燬樹木，同時每年向大氣中排放數百萬噸的碳，這將會加劇全球暖化。像阿沙寧卡族這樣的原住民社區正在與保育人士合作，保護河川和雨林。亞馬遜雨林對整個地球的健全非常重要，其關鍵在與毀林對抗。

阿塔卡馬沙漠的生態系

阿塔卡馬沙漠最後一次局部地區降雨的紀錄，是在人類以文字形式記錄歷史之前：可見這裡有多麼乾燥。地球上降雨少的地方只有北極點和南極點附近。這片沙漠位於安地斯山脈以西的太平洋海岸，海拔特別高，水氣被安地斯山脈阻擋，形成獨特的氣候和景觀。阿塔卡馬沙漠遍布鮮紅色的峽谷、潔白的鹽灘，以及全世界最美麗的天空。雖然生命在這樣嚴酷的氣候中難以生存，但是少數動植物已經適應了這種「外星」地景的家園。

阿塔卡馬沙漠與海洋的密切關係使霧區稱為「霧綠洲」或「山丘」，陡峭的海岸懸崖和丘陵可以捕捉來自太平洋的雲中的水氣。這樣少量的水已經是阿塔卡馬沙漠可見之處最多的。然而，這足以維持一些灌木類植物和許多種鳥類，如褐領雀和藍黑草鵐，以及小型哺乳動物，如兔鼠（像兔子的嚙齒類）和狐狸。隨著環境變得更加乾燥，只能找到稀有的仙人掌、美洲鷲、老鼠或蠍子。在智利城市安托法加斯塔南部，地貌變成紅色岩石般的海洋，環境看起來更像火星而不是地球。在阿塔卡馬沙漠中，一些離霧較遠地方氣候非常乾燥，就連細菌也難以生存。讓生存變得如此艱困的熱也創造了萬里無雲的天空和在夜裡用肉眼一覽無遺的銀河系。有些人說，這個夜空是沙漠絕佳的自然資源。

儘管阿塔卡馬沙漠已經好世紀沒有下雨了，但是其古老的湖泊仍持續在蒸發，形成了巨大的鹽湖和鹽灘。智利最大的鹽灘就位於阿塔卡馬沙漠。

一大群紅鶴在吃阿塔卡馬鹽灘的淺水域生長的藻類。
（紅鶴群又稱為「華麗之火（flamboyance）」！）

美國太空總署在阿塔卡馬沙漠的火星般的地景測試火星漫遊者號。

「彩虹谷」因其天然鮮豔的彩色岩石而得名；「月亮谷」的石頭和砂礫和月球上的相似。

彩虹谷

月亮谷

這裡是許多大型活火山的所在地，包括著名的利坎卡武爾火山。

最大的惠益

阿塔卡馬沙漠獨特的高海拔環境、晴朗的天空和缺乏光害，使其成為研究星體的完美之地。這片沙漠是地球上最大的國際天文學計畫的所在地：一組稱為「阿塔卡馬大毫米及次毫米波陣列」的無線電波望遠鏡。這些望遠鏡精確的長波資料為科學家提供了遙遠星體的細緻圖像，更適合瞭解我們的宇宙。

最大的威脅

隨著沙漠附近的城鎮和城市的發展，夜空中的人工光源也隨之加劇。這種光害會擾亂和干擾夜行性動物的活動。對生態環境友善的新式建築非常重要。透過安裝特殊照明並施行光害法規，可以保護沙漠最令人讚嘆的自然資源：地球上最清晰的夜空。

彭巴草原的生態系

高喬人騎在看似一望無盡的草地上。2百多年來，這些南美牛仔用相同的傳統技術在彭巴草原管理綿羊、牛和馬。彭巴草原連綿起伏的丘陵點綴著灌木和樹木，並有潟湖和河川匯流。所有的草本植物在潮濕的氣候和名為「南美暴風雨」的風暴中欣欣向榮。

原生的草和植物，如針禾，早在人類把牛隻帶來之前，就維繫原生野生動物的生存，如原駝（一種野生的羊駝）和南美草原鹿。19世紀中期，西班牙人殖民南美洲，帶來了現今郊區的優勢生物：馬和牛。就和世界各地的草原一樣，彭巴草原的生態系和地景已經因牧場和農業而改變。

雖然彭巴草原看似遼闊，涵蓋阿根廷、烏拉圭和巴西的一部分，但並不是取之不盡的資源。務農導致的土地過度利用和非永續的放牧習慣，使彭巴草原生態系成為世界上相當瀕危的生態系。當草原在放牧牲畜後沒有足夠時間復原，土壤侵蝕會更快，使植物更難生長。高喬族一直是彭巴草原的象徵，但隨著草原生態系變得更受威脅，高喬族的生活方式也日益嚴重。目前科學家，高喬人和私有地主正在共同努力創造和採取新的放牧和耕作技術，將環境影響減到最小。透過適當的經營管理，土地可以持續使用好幾世代。

彭巴草原是美洲駝的棲所，是一種長得像鴯鶓的鳥類，逃跑路線呈之字形。

原駝又厚又濃的睫毛能防止沙子飛入眼睛。

眨眼

位於彭巴草原的布宜諾斯艾利斯是阿根廷人口最多的城市。

高喬人穿的寬鬆褲子稱為「高喬式長褲」。

高喬式長褲

最大的惠益

彭巴草原是阿根廷的經濟命脈，也是南美洲的農業中心。豐腴的土壤和大量的草本植物，使其非常適

好好吃的草！

合種植農作物和放牧牛隻等畜牧動物。隨著農業和畜牧業的擴大，保持原生草原的完整性非常重要，因為有助於防止沙漠化和洪水。

最大的威脅

重要草澤濕地不必要的水資源流失、過度放牧牲畜以及原生草原的破壞，釋出新空間給非永續農場，威脅著彭巴草原生態系。這些活動都會加劇土壤侵蝕、讓新的草本植物更難生長。為了滿足不斷增長的人口，必須在大規模農業和永續技術之間找到平衡，以維持草原的完整性。

冰河

腐食者
安地斯神鷹

高山草原
3,000公尺-4,800公尺

皇后鳳梨　羊駝

巨蜂鳥

草本植物　大羊駝

南美絨鼠

雲霧林帶
800公尺-3,500公尺

蛾類

黃尾絨毛猴

棕櫚葉

果實　安地斯鴗　眼鏡熊

熱帶雨林

500公尺-
1,500公尺

玻璃蛙

亞馬遜
樹蚺

箭毒蛙

熱帶安地斯的生態系

地球表面不斷移動。在很長一段時間內，大陸和海洋下的板塊發生移動和碰撞。這就是超級大陸「盤古大陸」在2億多年前開始分裂成現今大陸的原因 這也是最雄偉的山脈的成因，如安地斯山脈。長達 4,300 英里的山脈區域沿著整個南美洲西側延伸，西半球許多高峰都在這裡。安地斯山脈的三大氣候是乾燥、潮濕和熱帶。熱帶安地斯山脈是一個廣大的生物多樣性熱點，從委內瑞拉到玻利維亞，沿著山脈綿延 3,300 英里。

當你爬上山脈時，熱帶安地斯山脈的氣溫會變得更冷，導致氣候動盪。這些微氣候形成適合許多動植物的諸多生態棲位和棲地。15,700 英尺的熱帶安地斯山脈被草原和雪覆蓋。海拔較低處，從 11,500 英尺開始，是世界上最大的雲霧林帶，其植物籠罩在雲霧中。繼續下降，在 4,900 英尺處，環境變得夠溫暖，足以讓熱帶雨林野生動物在森林中活動。

氣候並不是使這片森林如此多樣化的唯一因素。和一般的森林不同，安地斯山脈的熱帶森林分布在山區。就像被水環繞的島嶼一樣，有些野生動物物種無法離開特定的山峰。在整個區域內只有一座山頭可以找到許多特有的動植物。

在安地斯山脈發現的眼鏡熊因其紋路看起來像眼鏡而得名。他的聲音像尖叫聲和柔和的咕嚕聲，這在熊中非常罕見。

印加帝國曾位於安地斯山脈，是前哥倫布時期美洲最大的文明。

馬鈴薯和菸草都源於安地斯山脈，現在廣泛種植於世界各地。

黃耳長尾鸚鵡正瀕臨滅絕，但在保育人士的幫助之下，族群已增加到 1,500 多隻。

熱帶安地斯山脈是世界上動植物多樣性最高的生物多樣性熱點。

最大的惠益

世界上已知的植物中的，有15%可以在熱帶安地斯山脈找到。在熱帶安地斯山脈，僅 2.5 英畝內就有超過 300 種開花植物。這片森林中豐富的植物有助於產生氧氣，每年吸收 54 億噸二氧化碳，相當於 10 億輛汽車每年的碳排放量。

最大的威脅

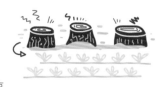

隨著人口的增長，對燃料、木材和食品的需求也增加。因此，熱帶安地斯山脈面臨伐木和非法狩獵的威脅。這會助長毀林並使動物面臨滅絕風險。非永續且大規模生產可可和咖啡會破壞土壤，迫使當地社區清除更多的森林，以生產實際所需的食物。必須解決這裡的貧窮問題，才能防止非法盜獵和伐木。當糧食安全無虞，他們就能好好地保護野生動植物。

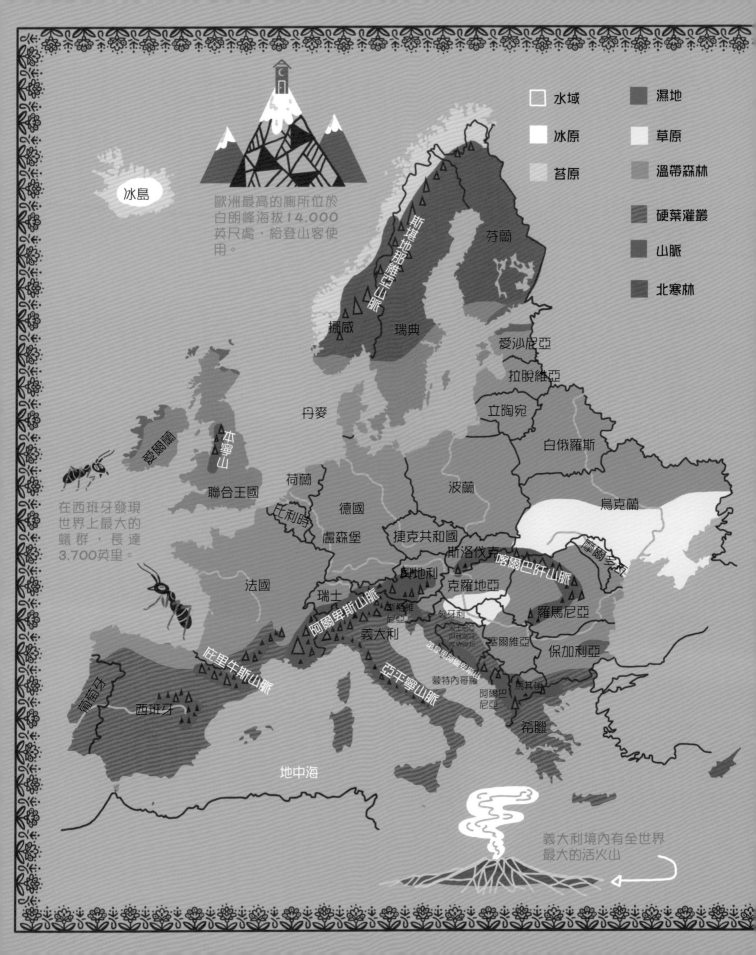

冰島

歐洲最高的廁所位於
白朗峰海拔14,000
英尺處，給登山客使
用。

水域
冰原
苔原

濕地
草原
溫帶森林
硬葉灌叢
山脈
北寒林

斯堪地那維亞
山脈

芬蘭

挪威
瑞典

愛沙尼亞
拉脫維亞
立陶宛
白俄羅斯

丹麥

愛爾蘭
本寧山

聯合王國
荷蘭
比利時
德國
盧森堡

波蘭

烏克蘭

捷克共和國
斯洛伐克
奧地利

摩爾多瓦

在西班牙發現
世界上最大的
蟻群，長達
3,700英里。

法國

瑞士
阿爾卑斯山脈
斯洛維
尼亞
義大利
亞平寧山脈

喀爾巴阡山脈

克羅地亞
匈牙利
波士尼亞
與赫塞哥
維納

羅馬尼亞

塞爾維亞

保加利亞

葡萄牙
西班牙

庇里牛斯山脈

蒙特內哥羅
阿爾巴
尼亞

馬其頓

希臘

地中海

義大利境內有全世界
最大的活火山

歐洲

許多人說歐洲更像是一個概念，而不是地理位置。它與亞洲的陸域面積相同，但其東部邊界不受任何地理障礙限制。歐洲的「概念」是古希臘人創造的，他們稱「赫勒斯滂狹道」（現在的達達尼爾海峽）的兩側為兩個不同的大陸。歐亞邊界是共識形成的界線，隨著時間的推移，會據特定時期的政治和文化情況改變。歐洲本質上是許多島嶼環繞的巨大半島，充滿了美麗多樣的文化、氣候和景觀。

歐洲屬於「舊世界」，也是西方文明的起源。 從石器時代到工業革命，歐洲已經大幅改變整個世界。在希臘古代和歐洲文藝復興時期創造的思想和藝術仍定義了現今的西方世界。在大探險和殖民時代，歐洲人改變了其他大陸和文化的人類歷史。在創建全球帝國的競賽中，歐洲的王國在世界其他地區取代並影響了許多人。此外，他們將歐洲動植物帶到了全球各地，並將在旅途中發現的物種帶回歐洲 - 大幅地影響了全球生態系。

在十八世紀的英國，工業革命讓我們取用環境資源的方式產生了激進和無法挽回的改變。蒸汽機、煉鐵技術和動力織布機等新工具和發明改變了生產方式。生產線可以製作大量的產品。在整個歐洲，人們留些時間務農，其餘時間則為新工廠工作。這些產品不只是在地製作衣服或工具，而是大規模生產，可以在世界各地貿易。煤和蒸汽動力發電機的量產，大幅地擴展了全球運輸及交通。工業革命改變了人類的生活和商業模式。更重要的是，重新定義了我們與大自然的關係。

不列顛群島的石楠原生態系

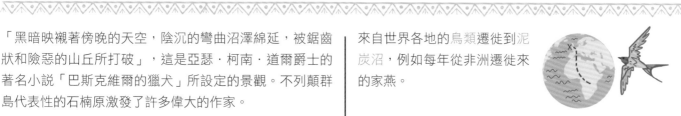

「黑暗映襯著傍晚的天空，陰沉的彎曲沼澤綿延，被鋸齒狀和險惡的山丘所打破」，這是亞瑟‧柯南‧道爾爵士的著名小說「巴斯克維爾的獵犬」所設定的景觀。不列顛群島代表性的石楠原激發了許多偉大的作家。

這個潮濕的丘陵景觀看似純淨的荒野，但其實這種地景是人造的。雖然有些石楠原是天然形成的無樹木沼澤，但有證據顯示多數曾經是古老森林。在石器時代，許多樹木被當時的人類清除，如此一來，便形成了新的生態系。現今人們仍然在石楠原放牧牲畜和狩獵，同時也透過許多土地管理的傳統技術來加以保護。選擇性狩獵、特定物種狩獵和野火管理有助於保護這片由年輕和古老生態系交織而成的多樣地景區塊。確保了草原有健全的再生期，而且日後還是能畜牧。

石楠原中有許多富含厚厚的泥狀物的濕地，稱為泥炭沼。泥炭是煤炭形成的第一階段。隨著時間推移，死亡的植物會在沼澤的底部堆積，不會完全分解，而是產生泥炭。泥炭愈深厚，含碳量愈高。泥炭中的碳成為能量來源，讓野火燒得更久。泥炭沼中還有名為泥炭蘚的苔蘚，不會被泥水沖走。泥炭蘚還是天然的過濾器，為一切提供更潔淨的淡水！ 潮濕的泥炭沼提供富含碳的土壤，是整個草原生態系的燃料。

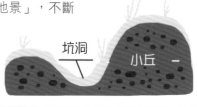

來自世界各地的鳥類遷徙到泥炭沼，例如每年從非洲遷徙來的家燕。

泥炭沼又稱為「活的地景」，不斷形成新的山丘（小丘或丘陵）和坑洞（溝渠或凹坑）。

松雞是打獵目標鳥種之王，當族群成長到太大時，就會成為打獵的目標。對於維持動物族群的平衡，這是必要的打獵方式，打獵也為農村社區的另一種商業活動，使當地居民能夠繼續管理石楠原。

整個歐洲都有泥炭沼，自青銅器時代以來，泥炭就作為燃料來源。目前歐洲部分地區仍在使用，包括愛爾蘭和芬蘭。

泥炭沼中的泥炭蘚就像海綿，有助於附近城鎮防洪。

最大的惠益

人和動物仰賴石楠原做為供應食物的基礎環境。泥炭沼提供乾淨的飲用水，能供應大量成群的綿羊。橫跨歐洲的泥炭地也是重要的全球碳匯，自然地將碳儲存在大氣之外的地方，是碳循環的重要組成。

泥炭

最大的威脅

過度放牧和缺乏妥善規畫的農法已開始使石楠原枯竭。全球變暖也引發更多失控的野火。為了解決問題，保育人士和地主正在努力讓濕地充滿水，有時用炸藥來挖溝。

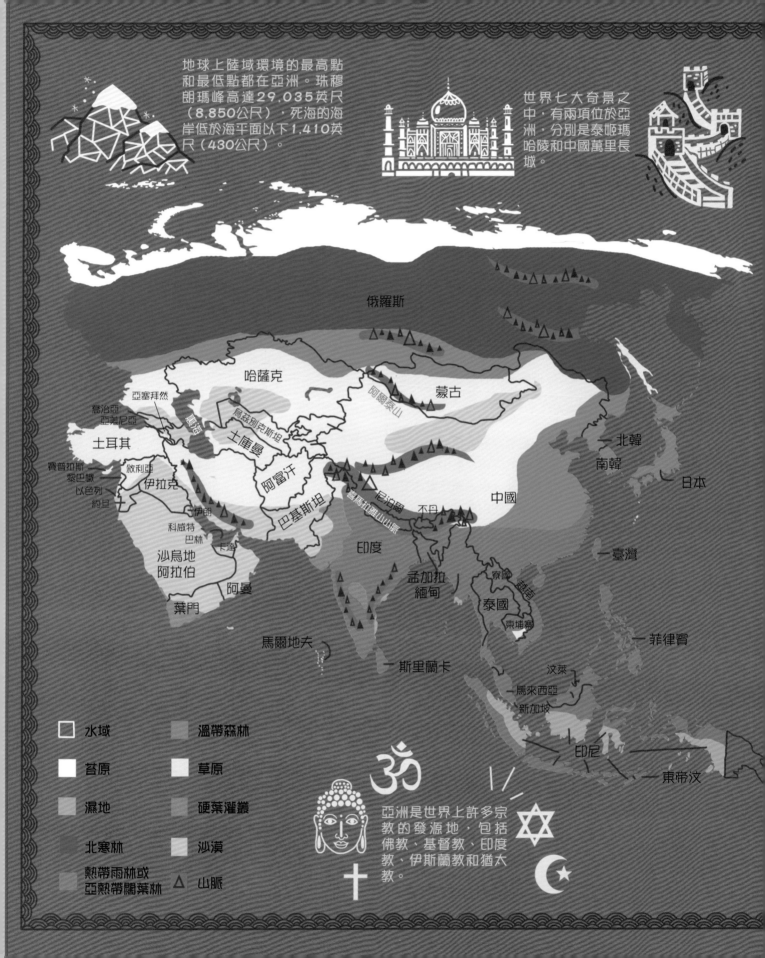

地球上陸域環境的最高點和最低點都在亞洲。珠穆朗瑪峰高達29,035英尺（8,850公尺），死海的海岸低於海平面以下1,410英尺（430公尺）。

世界七大奇景之中，有兩項位於亞洲，分別是泰姬瑪哈陵和中國萬里長城。

俄羅斯

哈薩克

亞塞拜然

喬治亞
亞美尼亞

土耳其

烏茲別克斯坦

阿爾泰山

蒙古

北韓

南韓

賽普拉斯
黎巴嫩
以色列
約旦

敘利亞

伊拉克

土庫曼

阿富汗

巴基斯坦

喜馬拉雅山山脈

尼泊爾

不丹

中國

日本

伊朗

科威特
巴林
卡達

沙烏地
阿拉伯

阿曼

葉門

印度

孟加拉
緬甸

寮國
越南

泰國

東埔寨

臺灣

菲律賓

馬爾地夫

斯里蘭卡

汶萊

馬來西亞

新加坡

印尼

東帝汶

水域

苔原

濕地

北寒林

熱帶雨林或
亞熱帶闊葉林

溫帶森林

草原

硬葉灌叢

沙漠

△ 山脈

亞洲是世界上許多宗教的發源地，包括佛教、基督教、印度教、伊斯蘭教和猶太教。

亞洲

　　獅子、老虎和熊！（噢天啊！）。亞洲是地球上最大的大陸，有驚人多樣的生態系，從炙熱的中東沙漠和到中國濕潤且肥沃的草原。在南方，熱帶季風浸潤印度，並持續數個月。西北方是西伯利亞，一大片多為冰凍苔原的寒冷土地。亞洲是許多山脈所在地，包括世界最高的喜馬拉雅山山脈。這些山脈高到阻擋了氣流，在中亞和東南亞形成許多不同的氣候。山脈還有天然高牆的功能，影響動物遷徙，也保護古代亞洲帝國免於外來者入侵。

　　亞洲的河谷是人類文明的第一個搖籃：古美索不達米亞的肥沃月灣、古印度的印度河流域和古中國的長江流域。隨著人類開始務農並改變周圍地景，人口便蓬勃發展，文明進入新的時代。更先進的農業技術表示更不需要花時間找食物，而把時間用於思考和發明。大約在西元前5千年，美索不達米亞成為幾個大文明的發源地，並發明了諸如輪子、灌溉系統、馴養動物、紀錄保存和數學等。現今，亞洲是地球上人口最多的大陸，超過全世界一半的人口。亞洲的生態系對整個世界產生的衝擊甚大，保護其美麗而重要的野生物非常重要。

「插滿小棍子的土地」或「沉睡之地」是西伯利亞的名字，構成俄羅斯北部寒冷、乾燥、看似無盡的森林。西伯利亞的北寒林是世界上同類森林中面積最大的，超過 150 萬平方英里。耐寒的松樹能在地球上最寒冷的氣候適應生長。冬季漫長而寒冷（低溫降至華氏零下 70 度／攝氏零下 56 度），降雪量極少，夏季短暫但炎熱（平均溫度達到華氏 60 度／攝氏 16 度，雪會融化）。寒冷的天氣讓西伯利亞成為地球上許多毛皮厚實動物的棲所。兇猛的林狼披著蓬鬆帶斑點的外衣和厚重的毛皮，危險的西伯利亞棕熊獵捕野兔等小型哺乳動物。

西伯利亞北寒林與北極圈相連，大部分的土壤已經凍結了數千年。這種永凍土根本無法栽植作物，但隨著氣候變遷使氣溫升高，整個北極圈的永凍土層開始融化。此時會快速釋放安全儲存在冰中數千年的二氧化碳和甲烷。隨著二氧化碳和甲烷釋放到大氣中，會加劇全球暖化的發展。

西伯利亞北寒林是世界上最大且未受影響的原野地。這片遼闊的常綠森林正在做植物最擅長的事：向大氣中釋放氧氣，作為整個以酷寒之地為家的毛茸茸食物鏈的基礎。

西伯利亞森林中的許多岩石是可追溯到二疊紀－三疊紀時期的火成岩。

滾石不死，只是老去

北寒林廣布全球，覆蓋地球表面 17%。

到了夏天，約有 300 種鳥類來到西伯利亞，但只有 30 種鳥類在西伯利亞度過酷寒的冬天。

我要往南方前進！

由永凍土融化形成的巴塔蓋卡坑是同類型中最大的。因為會發出奇怪的噪音，在當地的民間傳說中，被認為是通往地底世界的入口。

融化的永凍土揭露了史前毛茸茸的猛瑪象和古老細菌的化石。

最大的惠益

這一大片全年常綠的森林，是全球級的碳匯。也就是說，北寒林是地球上從大氣吸收二氧化碳及製造氧氣的關鍵場域，有助於調節全球氣候。西伯利亞也富含礦產，例如炭礦、化石燃料、鐵礦和金礦。

氧氣

二氧化碳

最大的威脅

全球暖化導致永凍土層融化，將其儲存的溫室氣體釋放到大氣中。西伯利亞豐富的樹木資源，引起過度採伐而沒有重新栽植。煤炭開採和過度獵捕以獲得毛皮，也威脅西伯利亞的野生動植物。

甲烷

東方蒙古草原的生態系

東方蒙古草原是世界上最大的完整溫帶草原。雖然世界各地的草原正以驚人的速度快速萎縮，但超過一百萬隻白尾瞪羚在蒙古自由漫步。蒙古略小於阿拉斯加，其中很大一部分由連綿起伏的丘陵、草原和潮濕的濕地覆蓋。這裡每年有大約 250 天的晴朗天空，因此當地稱之為「藍天之地」。但大部分平地未受到阿爾泰山脈的保護，使其暴露於環境的極端季節變化。草原上的夏天溫暖，禾草大量且快速地生長。大草原上的冬天有殘酷的強風，溫度低於冰點。在整個蒙古，氣溫可能極低，降至華氏 / 攝氏零下 40 度。環境非常嚴酷，蒙古語有一個特殊的詞：zud，意思是大量的牛馬死亡。

東方蒙古草原原始而遼闊的荒野和豐富的獨特野生動物，聯合國教科文組織將其列為世界襲產。在這片草原上可以找到一些動物，例如胖嘟嘟的貉，優雅的東沙狐和瀕臨滅絕的普氏野馬。幸好有蒙古人及傳統的土地管理方式，草原仍然能保持完整。蒙古大部分地區尚未開發，許多人民仰賴並優先照顧土地的健全。事實上，20 世紀時，蒙古傳統游牧民的人口增加了。今天世界上最大的原野地能存在，都要感謝蒙古人與大草原的重要關係。

最大的惠益

世界上最大的完整溫帶草原支持整個國家。蒙古經濟的基礎是從馴養的家畜生產肉、羊毛和羊絨。國家政府對狩獵活動的限制，促進傳統土地管理技術的保護，以維持草原的完整和豐富。

許多蒙古農民仍然住在蒙古包裡，穿著傳統的放牧衣服。

由於非法狩獵，以及與家畜競爭，蒙古的原生野馬幾乎消失了。

東方蒙古草原是草原生態區系的一部分，從烏克蘭到中國橫跨亞洲，長達 5 千英里。

蒙古是大角羊的棲所，是世界上最大的山羊。

大角羊

我重達 700磅

最大的威脅

喀什米爾山羊

整株植物都吃

羊絨來自山羊，是蒙古最賺錢的出口品。但是這些山羊的大量族群可能會破壞對景觀。山羊吃草時，會吃下根和葉而破壞整個牧場，在原處留下無法放牧的沙丘地。遊牧民族正在與保育人士合作，以更具策略性和永續性的方式放牧山羊。如果成功，過度放牧的草原將在約十年內重新生長。但是，人類對羊絨的需求不斷增長，即使在大多數農村地區，農法、農業和發展也需要納入考量。

冰川

喜瑪拉雅
塔爾羊

雪豹

高山草原
3,002公尺-4,998公尺

草本
植物

高山絨鼠

溫帶針葉林
2,499公尺-4,206公尺

竹子

羚牛

樹葉

小貓熊

溫帶闊葉林
和混合林
2,011公尺
-2,987公尺

麝獐

黃冠葉猴

棕頸犀鳥

果實

蘭花

蕨類

熱帶及亞熱
帶闊葉林
502公尺-
1,005公尺

亞洲象

野豬

孟加拉虎

球莖

蚯蚓

禾草

喜馬拉雅山的生態系

「喜馬拉雅」在梵語中的意思是「雪的居所」，世界上最高的山脈是整個亞洲神話和傳說的基礎。20 世紀時，喜馬拉雅山成為征服登山者到達山峰頂點的目標。但喜馬拉雅山更像是一場冒險的目的地。

所在山區的海拔愈高，氣候愈冷。在喜馬拉雅山的最頂端是冰川和冰帽。除了北極和南極之外，喜馬拉雅山脈擁有地球上第三大的冰雪和凍雪。當你下降到海拔較低處，溫度開始變暖，冰雪開始融化而流入河川。

海拔 16,400 英尺以下是西部高山灌叢地和山地草原。難以捉摸的雪豹在岩石上捕殺麝獐。另一個往下 3 千英尺處，位於山谷內，有棲息在松樹和雲杉樹中瀕臨滅絕的小貓熊。隨著繼續下降，氣候變得更像熱帶。在大約 9,800 英尺處，東部森林都是巨大的橡樹、美麗的蘭花和 5 百種鳥類。最後，在山腳處，海拔 3,300 英尺以下，變成熱帶闊葉林，老虎和大象隱藏在茂密的樹葉中。

雖然山區地形截然不同，但經常重疊。山脈是巨大且複雜的互動網絡，從上到下，每個生態系都和相鄰的生態系互依互存。

東喜馬拉雅山脈是亞洲三大哺乳動物的棲所：亞洲象、印度犀牛和野生水牛。

山崩、地震和雪崩相當頻繁，因為形成山脈的板塊運動仍舊活躍。

高達 29,029 英尺的珠穆朗瑪峰是世界最高峰。大多數登山者需要約兩個月才能登頂。

第一批登上珠穆朗瑪峰的是雪巴人登山家丹增·諾蓋和埃德蒙·希拉里爵士於 1953 年攻頂。

最大的惠益

喜馬拉雅山脈的巨大冰川是亞洲大部分地區的淡水來源。冰帽融化的水供給亞洲的河流三個主要系統：印度河、長江和恒河 - 雅魯藏布江。山脈也形成了巨大的天然屏障，影響亞洲的氣候。冬季時，阻擋了往印度南部吹去的北風，並阻擋了西南季風，導致雲層在到達北方之前釋放大部分的水分。

最大的威脅

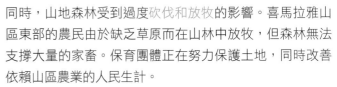

氣候變遷正在導致全球山區冰川迅速融化。喜馬拉雅山的冰川以驚人的速度融化，威脅到亞洲大部分地區賴以生存的淡水資源。同時，山地森林受到過度砍伐和放牧的影響。喜馬拉雅山區東部的農民由於缺乏草原而在山林中放牧，但森林無法支撐大量的家畜。保育團體正在努力保護土地，同時改善依賴山區農業的人民生計。

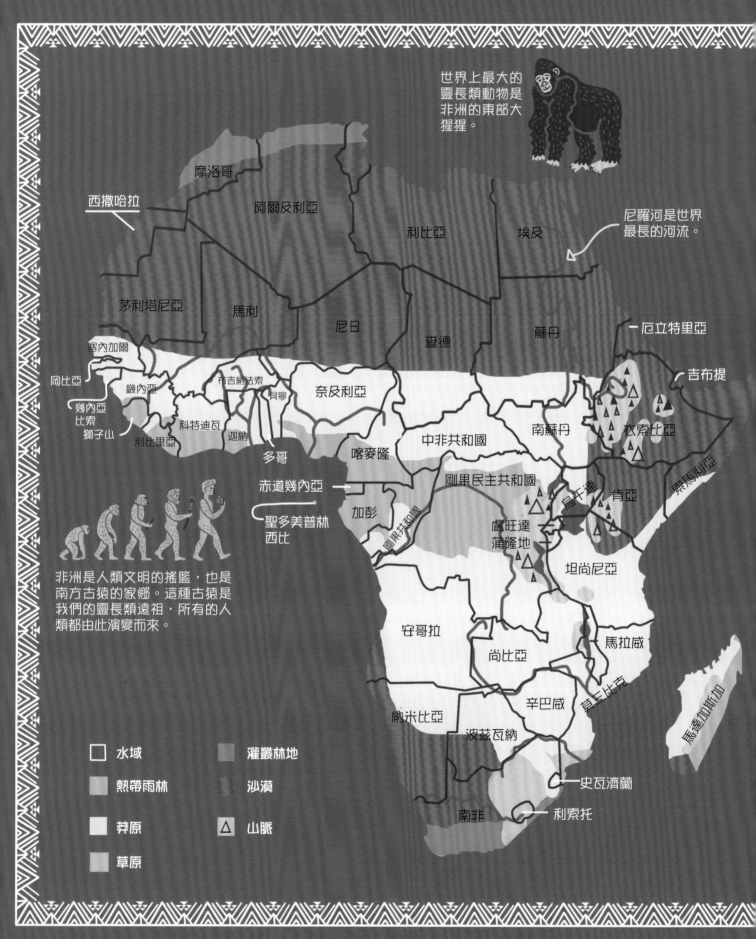

世界上最大的
靈長類動物是
非洲的東部大
猩猩。

西撒哈拉

摩洛哥

阿爾及利亞

利比亞

埃及

尼羅河是世界
最長的河流。

茅利塔尼亞

馬利

尼日

查德

蘇丹

厄立特里亞

塞內加爾

岡比亞

幾內亞

布吉納法索

貝寧

奈及利亞

南蘇丹

吉布提

幾內亞
比索

獅子山

科特迪瓦

迦納

多哥

喀麥隆

中非共和國

衣索比亞

利比里亞

赤道幾內亞

聖多美普林
西比

加彭

剛果民主共和國

烏干達

索馬利亞

肯亞

剛果共和國

盧旺達
蒲隆地

坦尚尼亞

非洲是人類文明的搖籃，也是
南方古猿的家鄉。這種古猿是
我們的靈長類遠祖，所有的人
類都由此演變而來。

安哥拉

尚比亞

馬拉威

莫三比克

馬達加斯加

納米比亞

辛巴威

波茲瓦納

史瓦濟蘭

南非

利索托

水域

熱帶雨林

莽原

草原

灌叢林地

沙漠

山脈

非洲

非洲是全人類的最初出生地。6 百萬年來，人類已經從我們的猿類祖先演變為今天的雙腿行進、具備大腦的智人。生活在 6 百萬年前到 2 百萬年前的人類祖先化石只在非洲發現，科學家認為人類的大部分的演化歷史都在這個大陸上發生。

非洲是地球上第二大的大陸，擁有許多壯觀的荒野。非洲也是對比鮮明對比地方。強壯的大猩猩漫遊在地球上第二大的剛果雨林。駱駝穿越撒哈拉沙漠，世界上最大的炎熱沙漠。在非洲另一處，獅子、斑馬和牛羚穿越塞倫蓋蒂莽原，是地球上數一數二壯觀的動物遷徙。

非洲因自然資源而聞名，如貴金屬、寶石和金屬礦，開採並出口至世界各地。從 17 世紀到 19 世紀，歐洲人為了土地和資源，強勢地殖民非洲大陸，直到 1950 年代才開始解除非洲的殖民地。隨著各國獨立，許多後殖民國家也開始爭取公民平等，例如打擊南非的種族主義和種族隔離制度。殖民主義的歷史劇烈地影響了今天非洲的 54 個國家的政治、土地利用和國界。

從開羅到開普敦，非洲有許多大城市和多元文化。 雖然非洲某些地區的貿易和經濟興盛，但許多地區仍然不發達。世界上一些極度貧窮的國家就在非洲，貧窮導致非法盜獵、木材開採和破壞重要生態系。攜手為環境奮戰能幫助資源貧乏的社區創造永續經濟，獲得教育、能源和食物。

撒哈拉沙漠的生態系

北非曾經充滿生機，有富饒的森林、湖泊，豐富的野生動物漫步在大片草地。現今，北非主要是撒哈拉沙漠，覆蓋整個非洲大陸的三分之一。撒哈拉沙漠通常每年下一到兩次的雨，雨水很快就蒸發回大氣。撒哈拉沙漠遼闊、炎熱、危險，遍布沙丘和乾燥、破裂的岩石。少數適應惡劣環境中的動物是特化的爬行動物、昆蟲和嚙齒類，大多是夜間活動並且在地下生活，遠離永恆的太陽。銀蟻是唯一可以在撒哈拉沙漠炙熱的日正當中存活的動物，但是，在活生生烤熟之前，牠只能忍受 10 分鐘。

大多數科學家認為，在地球軸傾斜略有變化之後，這個曾經蓊鬱的地區在 6 千多年前變成沙漠。這個改變導致太陽以新的角度照射非洲，使氣溫升高、土地變乾。氣候變化太快，大多數動植物無法生存。由於沒有植物能維持濕度，沙漠繼續蔓延，直到面積和美國相當。現在剩下的是石化樹木、石器和古老的岩石雕刻，展現曾經在北非漫遊的動物。古代湖泊還遺留著罕見的綠洲。但是，如果沒有夠多的動物或植物來形成土壤，沙漠就會持續蔓延，也會因乾季和土地管理不當而加劇。保育人士正在共同努力，防止撒哈拉地區的沙漠化繼續擴張。

最大的惠益

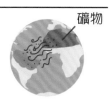

礦物

綠洲讓人類的露營車能從撒哈拉沙漠的一頭移動到另一頭，也為許多候鳥提供食物和水，如家燕。撒哈拉沙漠也富含磷酸鹽和鐵礦等礦物，開採後輸出到世界各地。在曾經是世界上最大湖泊的遺址，仍然有乾枯的藻類和礦物。這些都會被風吹過海洋抵達南美洲，讓亞馬遜熱帶雨林的土壤更肥沃。

會復活的植物「含生草」可以維持休眠多年，因為它看起來像枯萎的風滾草。如果暴露在水分充足的環境，植物體會展開，釋放出種子，然後再次乾枯。

撒哈拉沙漠中的綠洲可以在沙漠中滋養棕櫚樹、蕨類、魚類甚至鱷魚。

能保水的器官　　駝峰儲存脂肪

有「沙漠之舟」之稱的駱駝，可以連續幾個月不喝水，但是，如果沒有人帶牠們到井邊或綠洲，牠們就無法在沙漠中生存。

我是歌手

當沙丘崩落時，會發出一種聽得見的嗡嗡聲，能傳到 6 英里之外。

最大的威脅

撒哈拉地區的土地沙漠化和隨之而來的擴張，對非洲其他地區來說是一直存在的威脅。在沙漠和草原之間的過渡區「薩赫勒」，人民、生態學家和當地農民正在努力減緩沙漠擴張。他們採用原住民的土地管理技術，在農作物之間種植樹木，建立具備水土保持功能的務農網絡。這樣的行動是阻止沙漠擴散的天然屏障。當地社區現在以樹木作為燃料和木材來源，但不會讓樹木死亡。這項工作大多在尼日的津德爾山谷進行，2004 年，津德爾山谷看起來是 50 年來最綠意盎然的樣子。保育人士認為，如果他們能擴大這些技術，就可以防止沙漠蔓延到整個非洲。

南非的生態系

在非洲南端的好望角，放眼望去盡是五顏六色盛開的百花。這個小地區是地球上絕佳的花卉王國，擁有 8,500 種不同類型的植物。兩條截然不同的洋流在此相遇，塑造的氣候讓這裡的生態系存在：分別是來自印度洋又熱又旺盛的阿古拉斯洋流，以及來自大西洋，寒冷的本格拉洋流。海洋溫度會影響天氣，也會決定什麼樣的動植物能在此生存。當兩道不同且旺盛的洋流匯集在一起時，會形成多樣的微氣候環境，使許多不同的植物在同一個地方生存。寒冷的本格拉洋流在好望角的沙漠灌叢地中形成一股涼爽的霧氣。同時，世界上強盛的阿古拉斯洋流帶來溫暖的熱帶海水，以及有助於非洲東南沿海的夏季降雨的雨水。好望角地區有多樣的植物，讓 250 多種鳥類和哺乳動物得以生存，如南非山斑馬和南非狒狒。

許多海洋動物依賴洋流在海中航行。南非好望角的海域有了一側的暖流和另一側的洋流，讓來自世界各地的許多不同的海洋生物生存。對海中的掠食者來說，大量的魚就是大量的食物。豐富的魚類資源，讓好望角地區吸引許多大白鯊，是全球最大族群；和數以千計的「超級海豚群」，全都準備好大快朵頤一番。若不是這兩股強盛的洋流，非洲好望角不會有如今的生物多樣性之美。

世界上只有六個花卉王國，面積通常是大陸等級。好望角因為擁有的許多開花植物，儘管面積只有不列顛群島的百分之一，仍然視為花卉王國。

龐大的沙丁魚群隨著寒冷的本格拉洋流游到開普敦海岸。為了避開阿古拉斯洋流的溫暖海水，沙丁魚群被困在兩道洋流之間。使鯨魚、鯊魚、海豚、海鳥和海豹能瘋狂地捕食這個巨大的魚群。

本格拉洋流也會帶來寒冷的空氣，影響這裡的天氣型態。

冷空氣

猴甲蟲在花朵內睡覺，以避開大西洋夜裡的冷風。

最大的惠益

非洲好望角因其令人驚豔的生物多樣性，由聯合國教科文組織列為世界襲產。洋流系統為該地帶來豐富的海洋生物，是大型海洋掠食者重要的遷徙路線，也是南非人商業捕魚的重要漁場。

最大的威脅

開普敦是南非第二大城，隨著城市人口的增長，水壩的建設也破壞天然水流並侵擾野生生物。這裡有 1700 多種植物瀕臨滅絕，其中 26 種已經滅絕。為了保護該地區的生物多樣性，保育團體與當地政府合作建立了南非桌山國家公園，並推動生態旅遊。

我們受到保護

國家公園

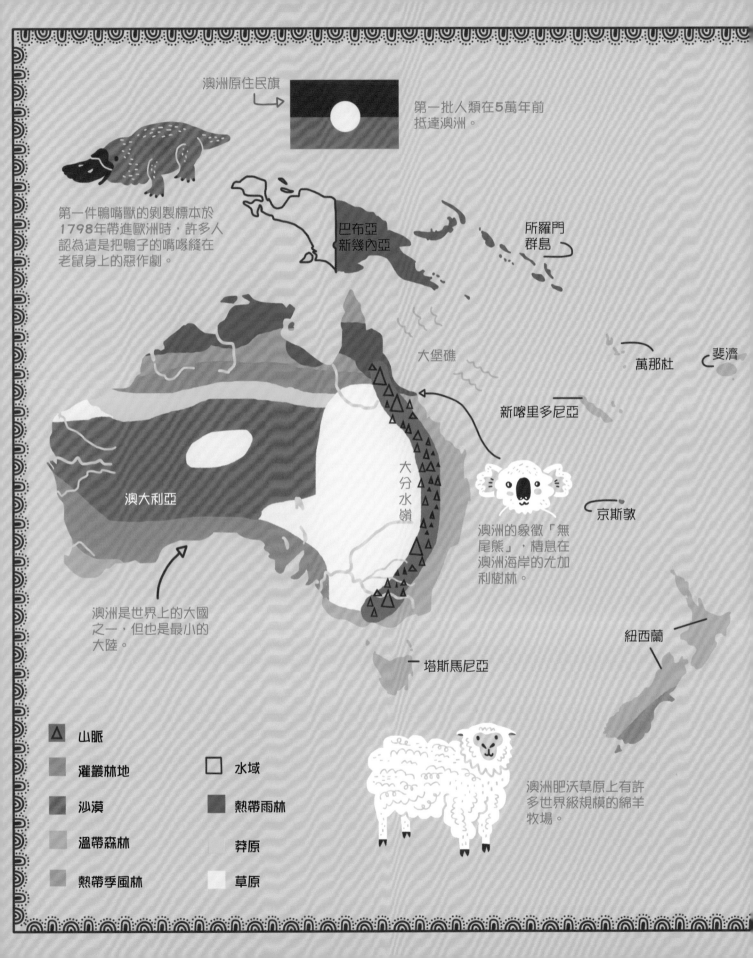

澳洲原住民旗

第一批人類在5萬年前
抵達澳洲。

第一件鴨嘴獸的剝製標本於
1798年帶進歐洲時，許多人
認為這是把鴨子的嘴喙縫在
老鼠身上的惡作劇。

巴布亞
新幾內亞

所羅門
群島

大堡礁

萬那杜

斐濟

新喀里多尼亞

大分水嶺

京斯敦

澳大利亞

澳洲的象徵「無
尾熊」，棲息在
澳洲海岸的尤加
利樹林。

澳洲是世界上的大國
之一，但也是最小的
大陸。

紐西蘭

塔斯馬尼亞

山脈

灌叢林地　　　水域

沙漠　　　　　熱帶雨林

溫帶森林　　　莽原

熱帶季風林　　草原

澳洲肥沃草原上有許
多世界級規模的綿羊
牧場。

澳大拉西亞

澳大拉西亞由澳洲大陸及鄰近島嶼組成，也是更大的政治和地理區域「大洋洲」的一部分，從西巴布亞延伸到夏威夷。澳大利亞是該地區最大的陸地，稱為「最後的陸地」、「最古老的大陸」和「最後的邊境」。

儘管澳洲大陸其實不是世界上最古老的大陸，但由於澳洲與世隔離，許多崎嶇而美麗的風景似乎沒有受到時光的影響。5千萬年來，澳洲的動植物與世界上其他土地分開。如同島嶼一般，由遼闊海洋環繞，野生動物可以自在地演化並以獨特的方式相互競爭。只有澳洲有會生蛋的哺乳動物：有趣的鴨嘴獸和4種帶刺的針鼴。有相當多種有袋類動物，例如袋鼠和無尾熊。有袋類動物的演化讓幼獸不在體內發育，而是在體外的育幼袋中，與其他哺乳動物不同。澳洲有許多古怪而有趣的鳥類，如色彩繽紛、如恐龍般的食火雞，其鋒利的爪子和頭頂上皮膚覆蓋的頭冠，令人聯想到迅猛龍。

澳洲大多是無人居住的荒野而名聞遐邇，包括世界上最大也最完整的疏樹草原。不僅如此，澳大利亞也是蓊鬱海岸森林和珊瑚礁的故鄉。當歐洲在1788年開始殖民澳洲時，也在大陸上開始大規模砍伐森林。持續在澳洲砍伐原始森林，許多如無尾熊等特有的野生動物，因為不永續的開發形式而更加受脅。如今，保育團體和生態學家正在努力保護澳洲獨特的野生動物和環境。

塔斯馬尼亞溫帶雨林的生態系

大約 1 億 8 千萬年前，恐龍稱霸地球上的超級大陸「岡瓦納大陸」。 久而久之，岡瓦納大陸分裂，創造了澳洲和其他南半球的大陸和島嶼。許多與恐龍一起生活，有「活化石」之稱的樹木、苔蘚和無脊椎動物，至今仍在塔斯馬尼亞的森林中發現。塔斯馬尼亞溫帶雨林因為與過去有著獨特的聯繫，列為聯合國教科文組織世界襲產。

塔斯馬尼亞島是澳洲的小島嶼省，儘管面積有限，島上仍有八個不同的生態區系。安靜涼爽的雨林占塔斯馬尼亞島的 10%，是世界上數一數二原始不變的岡瓦納原野地。許多花卉和樹木已在塔斯馬尼亞生長了超過 6 千萬年，如罕見的塔斯馬尼亞山龍眼。這裡的杏仁桉能長到 300 英尺高，可與紅杉森林中的樹木相媲美。柔軟的綠色苔蘚覆蓋著森林地表，珊瑚般的藍色和紅色真菌點綴著地景。

熱帶雨林也是有爪動物等古老無脊椎動物的棲所，他們已經存在了 3 億年，比地球上的昆蟲還要早。他們像狼一樣狩獵，從臉上射出粘稠的粘液來捕捉的獵物！塔斯馬尼亞也有一些又傻又可愛的有袋動物棲息：如塔斯馬尼亞沙袋鼠（看起來像小型袋鼠），身上有小斑點的斑尾袋鼬，當然還有著名的塔斯馬尼亞袋獾。塔斯馬尼亞溫帶雨林還有很多值得探索的地方，現今人們仍然會發現並命名新物種！

袋熊喜歡在雨林中的小溪附近築巢，因立方體的大便而聞名。

袋狼（或稱塔斯馬尼亞之虎）是最大的肉食性有袋動物，可追溯到 2 千 3 百萬年前。不幸的是，人們認為牠會威脅牲畜，在 1930 年代將袋狼趕盡殺絕。

聯合國教科文組織世界襲產保護區佔塔斯馬尼亞州的 20%，由 19 個獨立的國家公園或保護區組成。

袋獾著名的「塔斯馬尼亞惡魔」之名，來自於高亢的尖叫聲和咆哮聲。

吼嘎!!!

最大的惠益

塔斯馬尼亞溫帶雨林內高大而茂密的樹木有助於製造該地區的氧氣和雨水。它也是獨特自然資源的所在地，如具有金黃色木材的淚柏，以及蜂農用來生產特殊革木蜂蜜的澳洲革木。

最大的威脅

大多數的塔斯馬尼亞溫帶雨林受到保護，但由於氣候變遷和保護區外的伐木活動造成的野火發生頻率增加，已經威脅到生態系。與紅杉森林不同，這裡的生態系統無法抵禦野火。研究結果顯示，過去 40 年內砍伐的森林比未受影響的森林發生更多次的災難性野火。這表示維護聯合國教科文組織世界襲產周圍的完整生態系相當重要。

大堡礁的生態系

在澳洲東海岸的碧綠海水中，有世界上最大的活建築：大堡礁。3千個珊瑚構造創造了與日本相當的彩色龐然大物。珊瑚礁看起來像令人眼花繚亂的水下森林，但它其實是由成千上萬的小動物「珊瑚蟲」組成的。珊瑚蟲是透明、夜行性且柔軟的生物，有微小的觸手。珊瑚蟲會分泌碳酸鈣，形成珊瑚礁的堅硬骨架結構。

珊瑚蟲與食物來源有互依互存的關係，是一種稱為「蟲黃藻」的微小藻類，生活在珊瑚蟲體內行光合作用。珊瑚蟲能透過蟲黃藻獲得能量、氧氣和必須的養分。這些微觀奇景也為珊瑚帶來了鮮明且鮮豔的色彩。

大堡礁內有 600 多種不同類型的珊瑚，形成了各種形狀大小的彩色隧道和高塔。所有的角落和縫隙都是其他數以千計的海洋動植物的誘人棲息地。熱帶魚群、海馬、魟魚、鯊魚、鯨魚，甚至是空中的海鳥都依賴大堡礁而生存，使其成為整個海洋中生物多樣性最豐富的生態系。事實上，世界各地的珊瑚礁僅佔海洋生態系的 0.1％，但是滋養著地球上 25％的海洋生物。

大堡礁在 2016 年經歷了有史以來最嚴重的白化，另一場大規模白化則發生在 2017 年。

大堡礁位於石灰岩之上，實際上是幾千年前死亡珊瑚的化石。

隨著蟲黃藻上的綠色，珊瑚的超亮的顏色是由螢光蛋白色素產生的，能保護珊瑚暴露在陽光下（像防曬霜一樣！）。

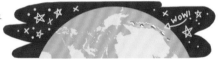

你可以從外太空看見大堡礁。

大硨磲重達440磅，可存活 100 多年。

最大的惠益

珊瑚礁不僅支持數千種動植物，其生態價值估計為 1,720 億美元。它能保護澳洲免受風暴和颶風影響的屏障，也是澳洲發展漁業和旅遊業的經濟保障。

最大的威脅

全球暖化正在全球珊瑚礁白化。隨著海水溫度的升高，熱導致珊瑚礁的食物來源「蟲黃藻」釋放有毒的過氧化氫。迫使珊瑚蟲釋出有毒的食物來源。沒有蟲黃藻，珊瑚在「白化」的過程中變成幽靈般的白色。只有在珊瑚餓死之前降低海水溫度，珊瑚才能在白化事件中存活下來。如果我們現在採取行動減緩全球暖化的步調，就有機會保護全世界的珊瑚礁。

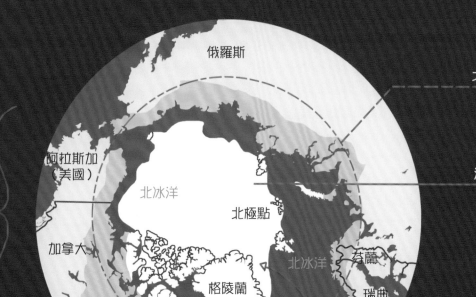

北極

俄羅斯

北極圈

阿拉斯加
（美國）

北冰洋

海冰

北極點

加拿大

芬蘭

北冰洋

瑞典

格陵蘭

挪威

巴芬灣

冰島

大西洋

潔白的冰帽能將陽光反射回太空，幫助整個地球降溫。

地球上68.7%的淡水冰凍於兩極區的冰帽。

南極

南冰洋

威德海

南極半島

東部南極洲

南極點

橫貫南極山脈

西部南極洲

羅斯海

南冰洋

■ 冰
■ 冰棚
■ 苔原
■ 北寒林
■ 海洋
⧄ 無冰區

極區冰帽

北極和南極是距離地球赤道最遠的地方，也是地球上極度寒冷的地方。兩極地區經歷半年的永夜，大部分照射在極地冰帽的陽光，會由皚皚白雪反射回太空。儘管如此極端環境，北極海和南極苔原仍是許多種野生動物的棲地。

南極點位於大洋包圍的多山大陸上，而北極點則是由陸地包圍的結冰海洋。這使得南極的氣溫比北極低上許多。北極大部分的海水比結冰的冰帽更溫暖，影響北極的溫度。同時，南極大陸高於海平面一英里半。海拔越高，空氣越冷，南極洲的海拔高度使其成為地球上最寒冷的地方。

全球暖化正在對兩極產生負面影響。隨著海洋暖化，北極冰帽每年縮減地更多，南極冰帽的冰棚則坍塌。冰帽越小，越少陽光反射回太空，表示更大的海域暴露在陽光下並吸收更多的熱，進而導致海水升溫。以前固定在極區大型冰河中的淡水正在融化而流入海洋，導致全球海平面上升。科學家預測，這將影響整個海洋的全球氣候模式和洋流。我們的任務是更瞭解世界的變化，並致力於保護地球上的生態系。

南極苔原的生態系

當你想到沙漠時，可能會想像氣候乾燥的炎熱沙地。但地球上最乾的地方也恰好是最冷的地方：在地球的南極點附近的南極洲。這片荒蕪的景觀有「世界盡頭」之稱，雖然不適人類居住，但海岸卻充滿了生命，這取決於季節變換和周圍冰冷海洋的變化。

1 億 7 千萬多年前，南極洲是岡瓦納大陸的一部分，還有恐龍漫步。數百萬年來，南極洲分裂並往南極點移動，成為今天所知的冰凍大陸。科學家最近在南極洲發現古老的樹木化石，表示一百萬年前，南極洲森林的樹木已經演化為能承受六個月幾乎完全黑暗的日子。化石和深層地下水體讓我們看到了古南極的樣貌。

現今，南極洲已成為企鵝的代名詞，從粗壯、有金色濃眉的長冠企鵝，到高大高貴的皇帝企鵝。這些獨特且不會飛的鳥類擠在沿海地區，但牠們只是南極洲複雜食物網的一部分。就和北極一樣，冰藻是南極洲食物鏈的基礎。在夏天，海冰融化，浮游植物大量繁衍，成為大量磷蝦的食物。這會吸引海鳥、海豹和鯨魚遷徙而來，使生命在南冰洋瘋狂地享用美食。

南極洲不屬於任何國家，沒有永久居民，只有居住於此的少數遊客和科學家。南極洲是世界上最原始的荒野；第一個抵達南極點的羅爾德‧阿蒙森稱這片土地為「童話」。

麥克默多研究站離南極的城鎮最近。夏季只有約 4,000 名科學家生活在南極洲，冬季則減少到大約 1,000 人。

1959 年簽署「南極條約」，其中規定南極僅用於和平與科學，所有發現都將自由分享，目前有 53 個國家簽署。

許多苔蘚生長在整個南極洲的岩石上，但只有三種類型的開花植物可以在整個大陸上生存：南極漆姑草、南極髮草和南極早熟禾。

估計有 6 百多萬隻阿德利企鵝棲息在南極洲東部。

1950 年以來，南極半島每十年就會升溫攝氏 0.5 度，比全球平均值要快得多。

最大的惠益

北極和南極有很多共同之處。如同北極的藻華，南極是整個海洋動物食物網的基礎。和北極一樣，巨大的白色表面將陽光和熱能反射回太空，有助於降溫和調節地球的氣候。

最大的威脅

即使沒有人長期居住在南極洲，人類仍然影響其生態系。全球暖化

正在融化南極冰棚的裂縫；2017 年，一塊和德拉威爾州面積相當的冰棚脫落，成為有史以來最大的冰山；現在漂浮在海中融化。冰山脫落時，會使整個冰棚更不穩定。如果南極洲所有的冰都融化，科學家估計海洋將上升 200 英尺，淹沒世界各地的海岸。

地球上的水域

太平洋

北冰洋

大西洋

太平洋

印度洋

南冰洋

☐ 鹹水

░ 淡水

海洋深度

水域生態系的特性主要取決於深度和鹽度。

透光區 ······ 200公尺

過度區 ······ 1,000公尺

半深海區

4,000公尺

深海區

深海區 · 6,000公尺

超深淵區

目前已知海洋最深處（馬里亞納海溝）

······ 10,944公尺

水域生態系

你有沒有在高樓或橋上吐過口水？看悲劇電影時落淚？在炎熱的一天喝了一杯清涼的水？當然有。人類（以及地球上的每一種動植物）都不斷地消耗和排出水。水分子佔人體的 60%。古地球的原始水域是第一個單細胞生物的演化之處。所有生物都依賴經過地球各處生態系的水循環。即使在似乎沒有水的地方，動植物也會等待罕見的降雨、找地下水井、或者取食植物來補充水分。海洋生物學家席薇亞·厄爾說：「即使你沒有機會看到或摸到海洋，海洋也會接觸到你所呼吸的每一口氣、喝下的每一滴水、消耗掉每一口水。海洋無所不在，大家都完全依賴於海洋，與海洋密不可分。」

難怪，水域生態系是全世界最有價值和最具生產力的資源。在海洋中發現的生命之寶為全世界提供食物來源。所有的魚類、植物和海洋動物都是全球許多食物網的基礎。但是，這不僅僅是水域生態系中食物和植物的來源，還能產生地球大氣中一半以上的氧氣。即使在世界上幾處最乾的地方，來自海洋蒸發的水也會變成淡水，以雨水的形式降下。沒有海洋，我們絕對無法生存。

雖然海洋、湖泊和其他水域生態系似乎是無窮無盡的資源，但我們的世界比你想像的要小得多。隨著人口增長，污染和過度捕撈正在摧毀許多重要的水域生態系。流經世界各地的水維持著地球上的生命，保護水域生態系應該是最優先的任務。

開闊海域的生態系

海洋的開闊水域稱為「藍色大沙漠」。在擁擠的沿海水域盡頭，便是開闊海洋的起點，覆蓋了地球表面 70% 以上。雖然開闊海域占地球表面最大，但只有 10% 的海洋生物棲息。在開闊海域中發現的養分並不多，因為死亡的物質會沉入海底分解。然而，海洋表面有勤勞的微小藻類，稱為浮游植物，透過光合作用產生氧氣。它們幾乎是整個海洋食物鏈的基礎。湧升流或風暴偶爾會將養分從海底帶到海面，形成藻華，接著是海洋動物的美食狂潮。

棲息在開闊海域的動物必須強壯且能快速移動。牠們從海洋的一端到另一端尋找食物和交配地。強壯的游泳好手，如鯨魚、海豚和海龜，可以駕馭像水下河流一樣的洋流。海洋表面下方是昏暗的「過度區」，動物已經變得善於隱蔽。棲息在過度區域的動物，白天通常到海面吃植物或腐物。到了晚上，過度區的掠食者游向海面捕捉獵物，通常用螢光和生物發光作為誘捕工具。

海洋似乎無窮無盡，但並非取之不盡的資源。如果我們希望將來保護海洋，我們需要為海洋負起責任。

藍鰭鮪可以像跑車一樣快速地加速，而且速度可達每小時 47 英里。

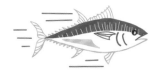

開闊海域中的甲殼類動物和魷魚有晶瑩剔透的身體，可以將自己與環境融為一體。

「太平洋垃圾帶」是一片面積與德州相當的海域。美國和日本之間的洋流將垃圾匯集並堆積在此。這是整個海洋中諸多「垃圾漩渦」之一。

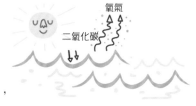

大多數生活在深海中的動物從未見過陸地。

什麼是陸地？

最大的惠益

開闊海域是整個世界的心臟。深藍色的海水吸收太陽的一半以上照射地球的熱能，海水蒸發尤其重要，能形成雨水，並將淡水分配至世界各地。不同的冷熱洋流也控制著整個地球的天氣模式和氣候。最重要的是，海面支持浮游植物，浮游植物產生的氧氣佔大氣的一半以上。

氧氣

二氧化碳

最大的威脅

農藥和石油外漏造成的海洋污染破壞了生態系，形成如墨西哥灣和波羅的海的死亡區，每年都有大量的垃圾被扔進海裡，會殺死海洋生物。過度捕撈也是主要問題：現今，我們的捕撈量是海洋承載量的兩倍。世界上大約 32% 的漁業受到過度捕撈並且消耗殆盡。但是，我們可以保護部分海域、改善廢棄物管理和實施永續捕撈來改善現況。

幼魚

黑角鮟鱇
小飛象章魚
灰六鰓鯊
太平洋桶眼魚
海底熱泉
火山
深海龍魚
吸血烏賊
巨型
管蟲
細菌
和
古細菌
深海熱泉
貽貝
綿鳚
深海熱泉
章魚
深海熱泉蟹
龐貝蟲
纓鰓蟲

深海的生態系

想像一下，這裡的壓力比海平面重 400 倍。沒有陽光，奇怪的生物漂浮在黑暗中，帶有銳利的牙齒、巨大的眼睛和發光的身體。雖然聽起來像科幻小說中的場景，但它就在地球上，數千英尺深的海洋中。「深海」是海平面以下 13,000 英尺的區域，陽光無法照射的深度。隨著海平面下越來越深，水的重量持續增加，重會產生更大的壓力。只有特殊的裝備和潛艇才能承受這種巨大的壓力而不會內向擠壓，也使深海成為世界上尚未探索的地方。

植物靠陽光行光合作用，是大部分食物鏈的基礎。因此，過去科學家認為，深海沒有陽光，所以沒有生命。但在探索深海時，科學家發現這裡其實充滿生機。海底熱泉噴口從地核噴出礦物質和能量。在深海中發現的微生物可以透過化學合成作用將水中的礦物質轉化為有機物。在這個深度生存的海洋動物已經演化到能夠承受黑暗、寒冷的水域和深海的巨大壓力。巨型管蟲和纓鰓蟲以熱泉環境的微生物為食，也是深海熱泉蟹的獵物。其他在世界各地深海中發現的奇怪動物包括皺鰓鯊（是一種「活化石」！）、會發光的蛏魚，以及眼睛與身體比例最大的吸血烏賊。鼠尾鱈之類的清除者和端足類等甲殼類動物會吃掉並分解沉入深海的死亡動物。在我們地球最深處仍然有許多尚待發現。

每隔 10 公尺，水面下就會給海洋增加額外的壓力，表示大部分海底的壓力相當於地球大氣壓力的 1300 多倍！

甘氏巨螯蟹是地球上最大的節肢動物。

深海熱泉噴出白色毛絮般的物質，表示地殼下面有細菌棲息。

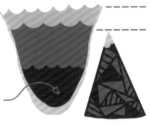

馬里亞納海溝是目前已知海洋最深處，深達 36,070 英尺。

這裡的深度比聖母峰還要高！

穩定的火山活動表示海底地形總是在改變。

最大的惠益

海底的火山爆發比地球上其他地方都還要多。數千英尺的水面下，火山分散了來自世界各地的地核熱能，而且有助於島嶼的形成，以及讓地表不斷變化。

最大的威脅

過度捕撈和破壞性漁業正在傷害我們的海洋，其影響甚至在最偏遠的深海。底拖網是一種捕魚方法，不分青紅皂白地毀滅拖網路徑中的一切。這種不負責任的方式摧毀深海珊瑚，甚至殺死了我們不吃的魚，進而影響了整個生態系。在深海沒有人監管，過度捕撈猖獗。商業深海捕撈在產卵區捕撈有機會繁殖的魚類。長遠看來，人類的漁業資源會所剩無幾。

源頭
（河流的源頭）

魚鷹

麋鹿

氾濫平原

水生植物

河道

支流

光合浮游生物
和藻類

水獺

河岸

鴛鴦

慈姑

落葉和
掉落的橡實

藍鰓太陽魚

浮游動物

小型魚類

淡水龍蝦

蜻蜓

蜉蝣

小型魚類

三角洲　海洋

青蛙

虹鱒

鏟鱘

分解者

地下水

河口

河川的生態系

如果海洋是地球的心跳，那麼河流就是靜脈和動脈。淡水對地球上大多數生命非常重要，大量的河流和溪流網絡將這個重要資源輸送到全世界。河流始於雨水累積處，如冰川、白雪皚皚的山頂或古老的地下泉水。河流也可以從容易取得的淡水資源開始，如湖泊和濕地。水流匯集成流動的河流。河流交織在一起，相互交織，形成支流。

人類仰賴河流供應的自然資源，並且將河流轉型成工具，河水和流動都能應用。為農業建造了水壩、運河和灌溉系統。在人類歷史中，河流作為運輸、貿易和探險的管道。幾乎所有大城市都建立在河流附近。古埃及的法老在壯觀的尼羅河附近建立文明、長江三角洲繁榮的明朝、現在仍依賴於泰晤士河的倫敦，河流讓人類能夠居住在世界上！

大部分河川的暗流不容易見到，有時後比水面的河流更強、更快。

密西西比河仍是當今許多美國工業的主要航線。

中國最長的河流「長江」滋養著名的大熊貓和西伯利亞白鶴。

大多數河川內的動物只能生活在淡水中，除了一些特殊的動物，如鮭魚，成年時在鹹水的海中生活，接著往上游游去，在淡水的河流中產卵。

最大的惠益

河流為整個生態系供應淡水。世界各地的人和動物都依賴河流獲得水和食物。在人類歷史中，河流的淡水已用於灌溉作物。河流也是能量的來源，河川流動的動能能處存下來供以後使用。當河流穿過陸地時，會擷取礦物質，最後進入海洋，同時為這些生態系供應養分。

最大的威脅

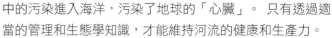

洪水和侵蝕是河流生態系的自然且健康的現象。但是，當管理不善的建築物破壞了天然洪水環境時，就會變成災難性水患。河流污染和過度捕撈也會破壞河流生態系及附近生物群聚。地下水中的污染進入海洋，污染了地球的「心臟」。只有透過適當的管理和生態學知識，才能維持河流的健康和生產力。

大自然的循環

宇宙萬物都事由物質組成。構成物質的原子永遠不會新創或破壞，只是以不同形式重新排列組合。這表示大霹靂期間形成的原子構成了庭院裡的樹、你的手、所坐的椅子、以及其他的一切！組成我們的重要養分和分子都在食物網中移動（好吃！）。但是，食物網只是世界上自然循環的一部分。碳、氮、磷和水循環是生態系回收和轉化物質的主要方式。這些循環提供食物、能量和淡水給我們，使土壤肥沃並調節氣候。無論是來自天空的雨、我們骨頭中的碳，還是我們腳下的土壤，我們依賴這些循環的平衡，使地球上的生命得以運作。

養分和分子如氧氣、碳和水可以儲存在「儲存庫」裡。有些儲存庫保存分子的時間較短，有些則能保存幾世紀。例如，湖泊是相對短期的儲存庫，水分子（H_2O）只要炎熱的一天就能透過蒸發回到雲層循環，接著再下雨。同時，冰河則是長期儲存庫，將水凝固存放幾世紀。釋放過快或固定過多資源都會對全球生態系產生負面影響。我們必須瞭解這些不同的儲存庫，並負責任地維繫這些重要循環的微妙平衡。

碳循環

所有你能想到的生物都是由碳組成的。你、你的狗、草坪上的草和地上的蚯蚓都是以碳為基礎的生命形式。地球上每個生物不僅由碳組成，還依賴碳循環來讓細胞運行呼吸作用、呼吸空氣和氣候調節。碳循環依賴藻類和植物（或稱生產者），它們從大氣中吸收二氧化碳（CO_2）並利用光合作用將其轉化為醣類。在此過程中，二氧化碳被吸收，氧氣則釋放到大氣中。植物中的醣類是一種儲存能量的形式。吃下植物時，它們儲存的能量和碳水化合物便會展開食物網之旅。

碳會儲存在動植物體內一段時間。有些會變成糞便或其他排泄物。最終生物死亡、碳由分解者分解。排泄物和死亡的物質都是食物網的一部分，被細菌和真菌分解時，其中的碳會成為肥沃土壤的一部分，同時也是植物所需。這是農民使用糞肥或堆肥幫助作物生長的原因之一。

碳是醣類分子（葡萄糖）的重要組成，也是儲存能量的形式。生物透過複雜的「呼吸作用」來利用這種能量。呼吸作用運作時，二氧化碳釋放回大氣中。光合作用是儲存能量的過程，細胞的呼吸作用則是使用該能量的過程。只有植物和其他生產者會行光合作用，使用二氧化碳的同時將副產物氧氣釋放到空氣中。同時，所有的生物都會使用氧氣行呼吸作用，同時將副產物二氧化碳釋放到空氣中。

氧氣和碳的循環讓我們的空氣可供呼吸、調節全球溫度、平衡海洋的 pH 值，並有助於保持土壤肥沃。某些人類活動正在擾亂碳循環的平衡。快速燃燒化石燃料正在向大氣中釋放出比以往更多的二氧化碳，導致全球氣溫上升並改變全球生態系（見第 114 頁）。要保護地球，瞭解碳循環的平衡非常重要。

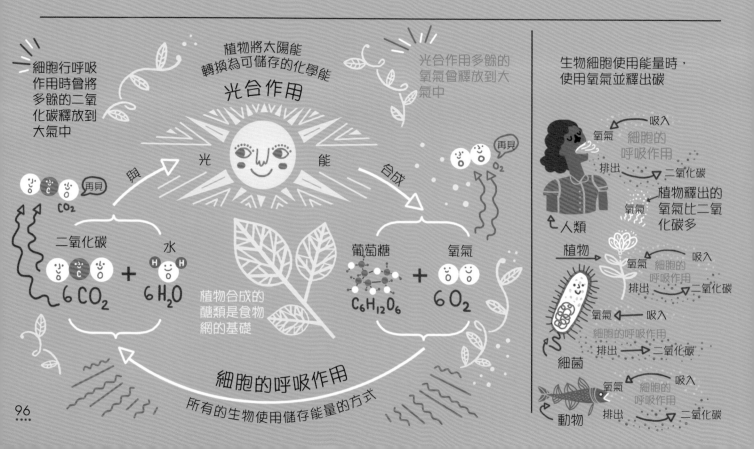

細胞行呼吸作用時會將多餘的二氧化碳釋放到大氣中

植物將太陽能轉換為可儲存的化學能

光合作用

光合作用多餘的氧氣會釋放到大氣中

生物細胞使用能量時，使用氧氣並釋出碳

光　能

與　　合成

再見　CO_2

二氧化碳　水

$6\,CO_2$　+　$6\,H_2O$

葡萄糖　氧氣

$C_6H_{12}O_6$　+　$6\,O_2$

植物合成的醣類是食物網的基礎

細胞的呼吸作用

所有的生物使用儲存能量的方式

人類
吸入　氧氣　細胞的呼吸作用
排出　二氧化碳
植物釋出的氧氣比二氧化碳多

植物
氧氣　細胞的呼吸作用　吸入
排出　二氧化碳

細菌
氧氣　吸入
細胞的呼吸作用　排出　二氧化碳

動物
氧氣　吸入　細胞的呼吸作用
排出　二氧化碳

97

氮循環

大氣中有 78%是氮氣，氮是蛋白質和構成生物 DNA 的核酸的重要元素。雖然我們周圍都有氮氣，但動植物不能直接吸收氮氣。通常氮以氮氣分子（N_2）的形式存在，兩個氮原子牢固地結合。幸好，某些細菌可以「固定」這種鍵結非常強的分子，轉換成動植物可以利用的形式。

幾乎所有的生物都依賴「固氮作用」，將氮氣（N_2）轉化為植物可以吸收的化合物。這種轉化是由土壤中某些類型的微觀細菌、在水中發現的某些類型藍綠菌、以及棲息在某些豆科植物根瘤上的微生物所完成。經過幾個轉變過程，微生物將氮氣（N_2）轉化為植物喜愛的分子，如硝酸鹽（NO_3）。 某些植物也可以吸收銨離子（NH_4^+）形式的氮，如稻米。

植物吸收氮之後，食物網的其他成員就能運用。當消費者吃植物（接著被其他動物吃掉）時，氮也會因而傳遞並使用。當細菌分解死亡有機物和廢物時，含氮化合物會返回土壤。植物也會吸收再次循環和分解的氮。

當不同類型的脫氮細菌將硝酸鹽轉化為氮氣（N_2）至大氣層時，氮循環就完成了。鍵結強大的氮分子返回大氣，直到循環重新開始。

氮氣（N_2）的鍵結相當強，只有另一種方法可以將它分開：閃電！閃電中的能量可以「固定」大氣中少部分的氮氣，而植物便能利用。我們還知道如何以人工分解氮氣來製造肥料，以幫助植物生長，並建立大型農場來養活不斷增長的人口。

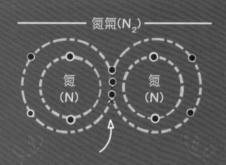

地球的大氣層大約有 **78%**是由氮氣組成

氮氣（N_2）

氮（N）　氮（N）

氮通常以三價鍵的氮氣形式存在，讓氮氣很難分解。

火山爆發、工廠和汽車燃燒化石燃料會將氮排入大氣中，過量的但會引發霾和酸雨，會造成侵蝕和空氣汙染。

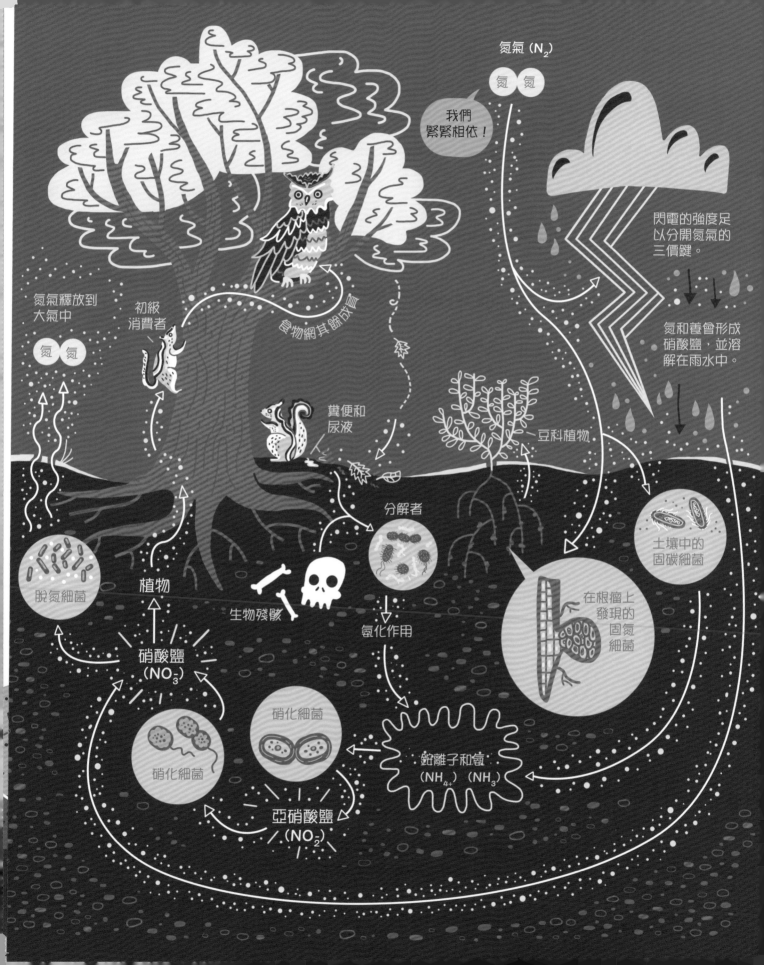

植物

我們都得依賴這些枝葉茂盛的夥伴。無論是強壯的橡樹、還是藻類的微觀細胞，植物是唯一可以直接從太陽獲取能量的生物。透過光合作用，植物運用陽光、二氧化碳和水來形成一種稱為「葡萄糖」的醣類。植物從葡萄糖獲得能量（食物！），並有助於生長發育。氧氣是光合作用釋放的廢物！植物自然地產生我們呼吸所必須、富含氧氣的空氣。

植物利用陽光製造自己所需養分的能力，讓植物幾乎成為每個食物網的起點，還從土壤中吸收重要養分到食物網中循環。當我們吃植物或吃過植物的動物，能量和養分別會傳給我們。植物的根系也有助於穩固腳下的土壤、預防侵蝕，並保護海岸線免於水患侵襲。我們生活的世界、我們吃的食物、和我們呼吸的空氣都歸功於植物！

種子發芽的過程

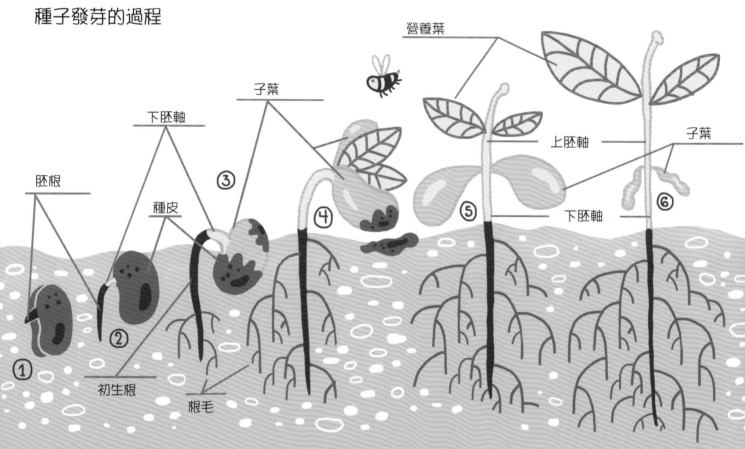

營養葉

子葉

下胚軸

胚根

種皮

③

④

⑤

⑥

上胚軸

下胚軸

子葉

①

②

初生根

根毛

植物需要的主要養分

   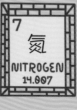    

| 6 碳 CARBON 12.011 | 1 氫 HYDROGEN 1.008 | 8 氧 OXYGEN 15.999 | 7 氮 NITROGEN 14.007 | 15 磷 PHOSPHORUS 30.974 | 19 鉀 POTASSIUM 39.098 | 16 硫 SULFUR 32.065 | 20 鈣 CALCIUM 40.078 | 12 鎂 MAGNESIUM 24.305 |

花瓣

雄蕊

心皮
柱頭
花柱
子房
胚珠

中脈

葉脈

頂芽

萼片

葉柄

花托

葉片

水蒸氣
(H₂O)
葉片透過蒸散
作用排出水分

花粉

釋放出
氧氣

維管束
組織

光能

光能
和
二氧化碳
和水

合成可儲存的
能量（葡萄糖）

營養枝

氣孔

葉綠體

莖

枝梢系

根系

主根

土壤

支根

水
(H₂O)

根尖

根冠

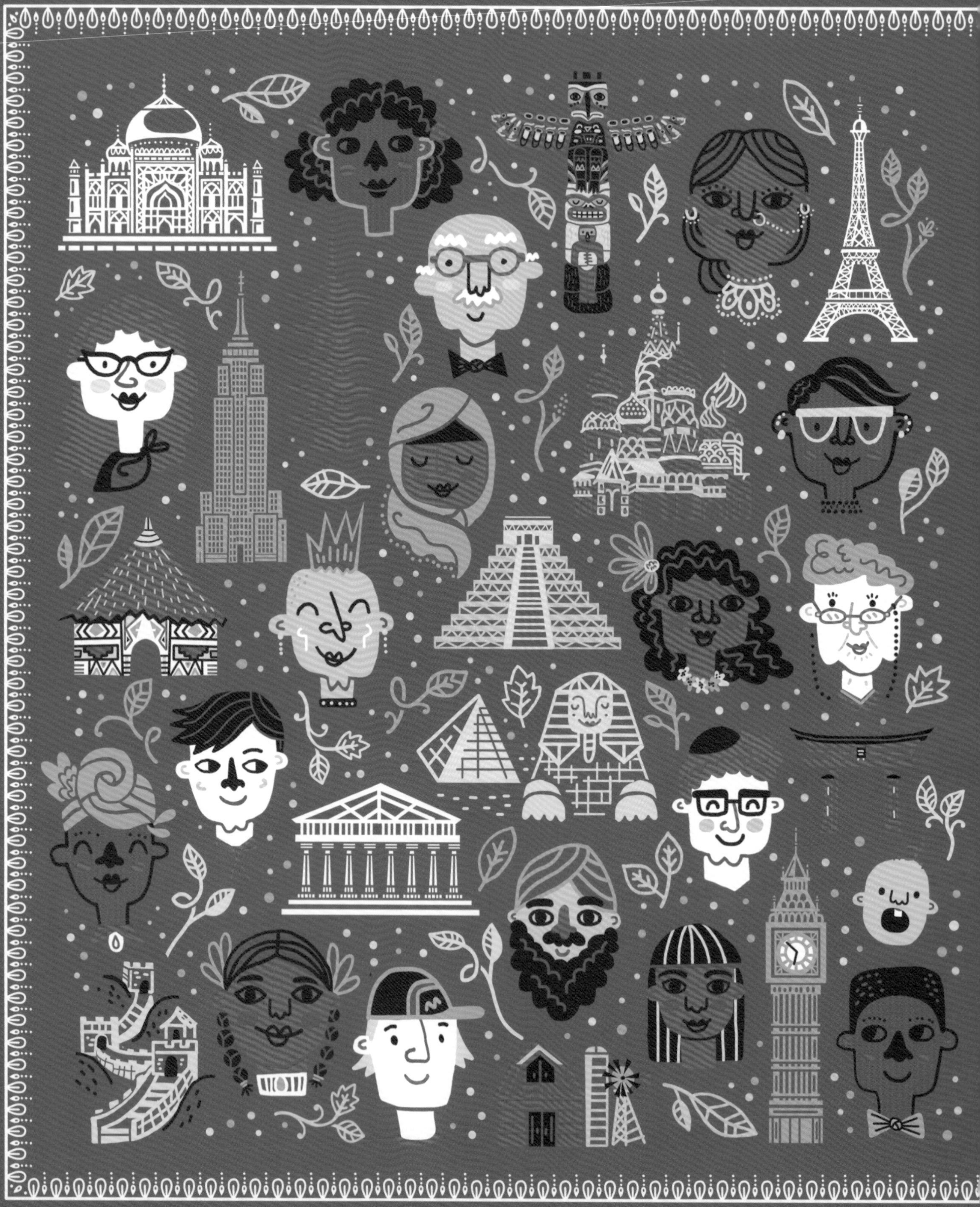

人類與地球

從許多角度來看，人類是地球上相當特別的動物。人類已經從洞穴生活、撿食物，到能夠訂購披薩，並在不離開沙發的情況下取貨！人類已經登陸月球、突破音速，創造人工智慧，幫助我們解決極其複雜的問題。人類開發的技術使我們能夠快速地在世界各地旅行，只需點擊一下按鈕即可與任何人交流。人類一起改變地球的地景地貌，努力為我們不斷增長的人口創造居所並供應食物。穴居的祖先永遠不會想到世界上許多人今天擁有的安全、舒適和科技！

但是，我們所建築的一切，都無法像無可取代的大自然，可以供給所需。在我們生活周圍，生態系以風力、水力和太陽能的形式製造燃料。數千年來的分解作用已經將碳轉化為煤炭或化石燃料，我們可以用來駕駛汽車和取暖 生態系是全球的清潔工，將垃圾和死亡物質分解成土壤，可以栽種新植物和作物。某些生態系中的植物可以防洪和海岸侵蝕。完整且多樣的生態系甚至可以從自然災害中「自我修復」而恢復。經濟學家估計世界上的自然生態系每年價值超過 142.7 萬億美元。但誰可以為呼吸空氣、淡水、富含養分的土壤和宜居的地球定價呢？隨著人類繼續建造奇妙的城市和大型農場，我們也需要保護大自然，大自然也能繼續為我們服務。

人類文明都來自食物。很久以前，在有歷史紀錄之前，唯一的方法是自己找食物。我們的祖先是遊牧民族，不斷尋找新的植物和動物。但是在冰河時代之後，世界各地的遊牧民族開始種植種子和作物。農業產生了充足的食物，更多的食物表示人類可以花更多的時間從事其他工作。人類開始在新農場周圍的定居，創造新的工作，如發明和建造新工具。創造了日新月異的科技，發展新的農法以生產更多作物。人類開始改變周圍的土地、耕耘土壤、為了作物供水建造灌溉系統，並挑選對社區最有益的動植物來繁殖。大規模的文明和城市開始出現了。

現今，透過新技術，可以為快速增長的人口提供食物。機器挖土、栽植、收割；能透過基因選擇作物來抵禦乾旱或蟲害；化學肥料能提高土壤生產力。人類的食品遍布全球，並運輸到世界各地。我們可以吃一片披薩，是用義大利的西紅柿、歐洲的小麥和美國的奶酪做成的。但是，隨著一切的進步，重要的是，要記住是有限的自然資源讓農業得以實現。

永續農業表示要為不斷增長的人口提供食物，同時維繫環境健全。養活大量人口需要克服的主要挑戰是消耗土壤中的養分、過度用水、以及使用化石燃料施肥和農業機械運作。

生物多樣性在農場和野外都一樣重要。雖然種植單一種作物有其優點且農民更容易管理，但也會耗盡土壤肥力，迫使農場過度依賴化學肥料。過度使用肥料會污染地下水，進而污染我們的海洋。當農場只種植單一作物時，會更容易患病和害蟲，需要更多的農藥，並且無法承受天氣的變化。

當農場上有各式各樣的動植物，也能提供完整生態系帶來的惠益。不同的植物從土壤中吸收不同的化合物並釋放不同的養分。透過輪作，農民可以自然地讓土壤更加肥沃，而不是過度利用土壤、生產單一作物。種植覆蓋作物、使用堆肥和動物糞肥也可以減少對化學肥料的需求。某些植物甚至可以抗蟲害。生物多樣性也有助於節約用水：種植抗旱植物和採取用水量較低的灌溉方法，可以使蓄水量更多，乾季時能用的時間更長。因地制宜，地區性的原生植物往往具有獨特性質，可以幫助保持土壤肥沃和濕潤！引入原生草本植物和樹木通常有助於使農業永續。

使用化石燃料操作農機有助於種植作物並運送到世界各地，因此，即使是商業栽種的胡蘿蔔也會產生碳足跡。最終，石油儲備將耗盡，但是糧食需求不會減少。越來越多的人生活在城市裡，將食物送到人們可及之處，就和在原產地種植同樣重要。高價的石油導致新鮮健康食品的價格上漲，並且在缺乏大型超市的貧窮城市中形成「食物沙漠」。 食物沙漠分布在美國和世界各地，當地人無法獲得新鮮蔬果。科技的進步，如電動引擎和替代能源，是養活世界的必備元素。

當新科技和生態學知識結合在一起，可以養活不斷增長的人口，同時保護地球，為未來世代服務。

都市

地球上的每個生物都有棲地和居所，包括人類。人類的遠古祖先住在洞穴裡，以免受掠食者和惡劣天氣威脅。隨著人類的演化和進步，住處也不斷地發展。無論是帳篷、小屋、房屋還是摩天大樓，建築都能保護我們免於各種因素的影響，並提供所需的功能。現今，人類已經改變了大部分的地球，創造專為人類舒適而設計的棲地。

城市有許多樣貌和規模，由當地居民定義。有些看起來更像是村莊，而不是水泥叢林。現今，超過一半人居住在城市裡。為了讓所有居民的生活，城市需要複雜的基礎設施：提供電力和通信網絡、管線和廢棄物處理系統。電線和電纜網絡鋪設在地下、天空和海底，讓各地有電力和網路。大多數主要城市已經鋪設道路、挖掘地鐵，因此可以輕鬆地旅行和運輸食物。未開發的地區裡，有些城市不是每個人都能獲得潔淨的水、管路和電力。

現代城市的建設方式只讓很少的動物與人類共存。生物多樣性可能很低，但仍有野生生物。在某些城市，不難看到鴿子、老鼠或浣熊從垃圾桶裡吃零食。意外的是，城市中也有動物以新的方式利用這個特殊的生態系。遊隼在高聳的懸崖上築巢，現在已經演變成可以在大樓上棲息和築巢。恆河猴在印度的市場吃垃圾。在法國的阿爾比，常常待在池塘底部的鯰魚，其實會從水中跳出來吃附近毫無防備的鴿子。

隨著人口的增長，城市也在擴張。街道、圍牆和牆壁切斷了動物在自然中活動的路線，光害干擾夜間動物的習性。鋪設的建築越具體，就越破壞野生動物的棲地。每十年，一個與英國面積相當的原野地區因全球城市擴張而摧毀。

然而，有些建立城市的方法，不用完全犧牲自然生態環境。一些城市開始將植物納入城市規劃。2015 年，新加坡建造了巨大垂直植物園。這些 164 英尺高的鋼結構稱為「超級樹」，雖然不是真正的樹木，但是兩側生長的植物很多，會自然地降低附近氣溫。在非洲、北美和歐洲，有些高速公路下方建造了動物通道，野生動物可以不受道路的影響而通過。

城市是找出再生能源使用方法的世界領導者。2013 年，瑞典馬爾默成是歐洲第一個「碳中和社區」。完全由再生能源提供動力，包括風能、太陽能和燃燒堆肥。汽車和公車是靠電力和生物燃料運行的，而非汽油。2015 年，佛蒙特州伯靈頓成為美國第一個 100％ 使用再生電力的城市。從那時候起，美國 40 多個城市（而且數量不斷增加！）也承諾在 2050 年之前使用 100％ 的清潔再生能源。

人類對其建造的城市負責，我們的選擇決定它們如何影響自然。透過適當的規劃，我們可以保護甚至創造野生動物棲地，減少對自然有害的影響。

人類對大自然的衝擊

發展和進步是好事！但是，隨著不斷發展並努力為全人類服務，也需要注意我們影響自然萬物的方式。瞭解我們影響環境的主要方式，可以更永續地建設和務農。

毀林

為了木材、為農場、牧場、建築和其他開發騰出空間，世界各地的森林已經被砍伐殆盡。這樣會產生許多問題，例如暴雨帶來的洪水和動物棲地流失。我們還依賴大型森林吸收空氣中的碳並產生氧氣；科學家估計，大氣中 15% 的有害溫室氣體是快速砍伐森林和缺乏過濾空氣的樹木所致。當大型森林被砍光，會改變該地區的降雨和天氣模式。曾經被樹木和植物吸收的水自由地滲入和流過地面，造成侵蝕和附近河流污染。

外來入侵種

我們依賴許多來自世界各地的作物和馴化動物。然而，在野外引入外來入侵種會傷害生態系。

有時候，外來入侵種是刻意帶入新環境而產生意料之外的影響。舉例來說，你的鄰居可能喜歡他的寵物蟒蛇，但如果牠逃走了，牠會對附近的動物造成嚴重危害。葛藤因為增添花園植物的種類而帶到美國。現在葛藤在美國南部是一種四處蔓延的草本植物，扼殺了其他植物的生命，有時甚至覆蓋整個車輛和建築物！有時外來入侵種是偶然引入的，就像地中海果蠅，牠的幼蟲會感染果實。當農產品運輸到世界各地，全球各地的農作物就會受到這種討厭蒼蠅的影響。

當地生態系中的動植物已經演變為僅有相互競爭關係，當引入新物種時，就能成為外來入侵種。在土地上佔優勢，並與原生種競爭資源，也可能破壞生態系。現在，可以看到在美國五大湖就發生這種情況，斑馬貽貝等外來入侵種威脅著整個生態系。

過度獵捕

過度捕撈、過度獵捕和過度放牧是生態系的主要壓力。當我們使用自然資源的速度遠高於補充的速度，就會導致過度收成。有些動物，如旅鴿，就因過度獵捕而滅絕。我們不分青紅皂白地捕撈海洋中的生物，在海洋生物有繁殖機會之前就殺死牠們。通常，大型工業的捕魚網會捕獲並殺死人們根本不吃的動物，稱為「混獲」。過度耕種、在草原過度放牧，沒有足夠的草根來穩定土壤，土壤便會迅速被侵蝕。大型單一作物農場對土壤吸收並耗盡養分。上述因素都讓植物更難生長，甚至可能導致土壤死亡。大規模的農業、漁業和放牧是支持人口的必要條件，但必須以永續的方式使用，以免耗盡資源。

土地沙漠化

乾旱或溫度升高，再加上砍伐森林、過度放牧或過度開發利用土壤等人類活動，會導致土地沙漠化。沙塵暴變得更加頻繁，在乾燥、貧脊的土地上，什麼長不出來。即便是最肥沃的土地也可能變成沙漠。惡劣的耕作方式和過度放牧造成 1930 年代的沙塵暴，美國自己經歷了土地沙漠化問題。土地可以透過正確的介入來恢復，例如植栽和輪作一系列適當的作物，或者幸運地碰上雨季。但沙漠也會擴散，例如，中國戈壁沙漠周邊地區過度放牧和森林砍伐，導致沙漠面積每年增加 1,300 平方英里。全球暖化會繼續加速全球土地沙漠化。

汙染

我們都曾經看過有人把垃圾扔出車窗或在人行道上亂丟垃圾。雖然很煩人，但最有害的污染來自過多或不當處理的化學廢棄物。當天然化合物和人工合成化合物被過度使用或以錯誤方式處理，會嚴重破壞我們的生態系。

好東西太多也會出問題。舉例來說，磷和氮是植物生長的必要元素，我們依賴含有這些養分的化學肥料發展大規模農業。但是過度使用這些肥料產生了大量農業廢水，污染了密西西比河流域的地下水。這些水都會流入墨西哥灣，多餘的化學物質會導致極端的藻華，消耗掉水中的大部分氧氣。低氧水無法維持生命，這種污染每年形成的「死亡區」面積相當於紐澤西州，沒有海洋生物能夠生存。

越是在食物網中越高的位置，吃下的水銀（和其他有害物質）的含量就越高。

有毒化學物質進入生態系時就造成傷害。例如採礦和燃煤每年向大氣釋出大量的水銀。過多的水銀會傷害人類的神經和腎臟。塑膠材料和藥物中的某些化學物質會阻礙內分泌阻滯劑（影響賀爾蒙）；當有毒物質被扔掉或沖下馬桶時，有害的化學物質會污染水資源、傷害魚類和其他水生生物。

光害和噪音也會對野生動物產生負面影響。為了瞭解影響如何運作，可以來看看海龜出生時的新議題。幾千年來，剛出生的海龜晚上在海灘孵化，靠月光引導牠們往海洋的方向移動。但是，沿海城鎮的明亮燈光讓許多海龜孵化時，反而跟著電燈遠離海洋。海龜孵化期間，許多城鎮會關燈，但在沒有這些措施的地方，整批海龜都會迷路。在重要的交配季節，噪音也會繞亂動物、影響彼此的溝通。甚至有極端的例子是，潛水艇的聲納系統導致鯨魚的喪失聽力，傷害牠們在海中航行的能力。

氣候變遷

地球的氣候在這 45 億年來發生了截然不同的變化。在人類出現以前，由於地軸的微小變化，地球至少經歷了五次冰期和暖化。自上一個冰河時代以來，地球一直具備讓人類得以生活的理想氣候。但是現在，新型的氣候變化威脅著我們的生存，而且，這不是地球與太陽相對位置變化所導致，而是人類自身行為所致。過度燃燒化石燃料導致氣候暖化，這種影響將毀滅我們稱之為家園的地球。

工業革命以來，人類的科技大幅進步，但也增加了能源消耗。目前，煤、天然氣和其他化石燃料是人類主要的燃料來源，燃燒以釋放能量。燃燒時，燃料會迅速釋放二氧化碳和其他污染大氣的溫室氣體。碳循環是生態系中的自然過程，碳有許多天然儲存庫，如森林和地下岩脈。但是，我們釋放過多的碳，而且釋放速度比碳庫的吸收速度更快。這表示溫室氣體在大氣和海洋中停滯並積聚。這些溫室氣體使地球過度隔絕，太陽的熱散發到太空之前的時間，比以往正常情況更長。這種無法散逸的熱會升高全球氣溫。

科學家觀察冰芯、化石、沉積岩和樹木核心樣本來估計過去的全球氣候。環繞地球的衛星和地球上複雜的科學儀器網絡用來衡量最近的氣候變化。在過去的 100 年，地球的溫度上升了大約華氏 2 度，而且大部分變化發生在過去幾十年裡。2 度看起來可能很小，但長期監測氣候與測量日常溫度不同。最後一個冰河時代的氣候，也就是當美國被 3 千英尺的冰覆蓋時，與今日的氣候總量相差不到華氏 9 度。測量近年氣候，科學家已經看到了更長、更熱的夏季模式。冬季非常寒冷的日子變少，每年極熱的天數也在增加。過去十年，已經度過人類歷史上全球氣溫最熱的日子。

絕大多數科學家認為全球變暖化是人類活動和燃燒化石燃料所引起。隨著全球氣候繼續以這種快速增長的速度上升，科學家預測，在下個世紀，天然災害會更加頻繁，地球上許多有人居住的地區可能變得過於極端。但是還有希望！

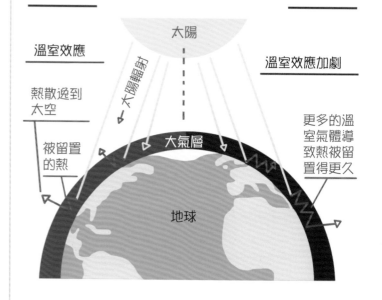

大氣層中的溫室氣體留滯太陽的熱，這是對全球的警訊。過量的溫室氣體急速提升全球氣溫。

溫室氣體包括二氧化碳、甲烷、一氧化二氮、鹵碳化合物、臭氧和水蒸氣。

如果人類共同努力減少大氣中的溫室氣體，就可以減緩速度，甚至阻止全球暖化的負面影響。改變使用資源的方式，可以為人類和地球留下更多時間來適應不斷變化的氣候。

全球暖化導致

海平面上升

隨著冰河和海冰融化，更多水流入海洋。過去二十年，海平面每年大約以 3 毫米的速度上升。這可能看起來很小，但海洋相當巨大，需要大量的水才能使整個海洋上升 3 毫米！ 海平面上升已造成沿海城市侵蝕，風暴湧浪和洪水氾濫。如果持續下去，可能會引起更大的問題，並導致低窪沿海城市發生全面性水患。

海洋酸化

除了海面和大氣，過多的二氧化碳無處可去，導致海洋的酸度增加。過去 200 年來，海洋酸度上升了 30%，是過去 5 千萬年來的上升速度最快的時代。包括珊瑚礁在內等許多海洋動物，無法在這種變化中存活。

極端天氣

野火

乾旱

風暴

全球暖化表示更多水從海洋蒸發，產生更劇烈的風暴。溫暖的海洋也表示颱風會變得更大，移動距離比以前更遠。同時，全球暖化會使世界上的乾旱地區變得更乾燥，也就是說，會發生更頻繁和更極端的乾旱，以及更大的森林火災。

極區冰帽融化

全球暖化非常明顯的指標是極地冰帽和周圍永凍土融化。冰帽將太陽的熱反射回太空，最終使整個地球的氣溫下降。融化的海冰是海平面上升的最主要原因。

某些物種滅絕

救命！我找不到海冰了！

隨著環境持續的極端變化，並不是所有的動植物都能夠快速適應及生存。現在，寒冷天氣時，動物繼續遷徙，尋找自己縮小的自然棲地。一些生活在海冰上動物，如北極熊，最終可能完全失去棲地。沙漠變得越來越熱、越來越嚴酷，隨著沙塵暴和蒸發加劇，動物被逼向沙漠邊緣。在世界各地，動物正在播遷以逃離全球變暖的影響。

保護我們的地球

真正瞭解和理解我們的地球是保護她的第一步。在這本書中，您瞭解了世界各地的生態系，她們為什麼重要，以及她們如何被摧毀。你已經看到山脈是如何與河流及海洋相連、為什麼森林對大氣很重要、以及遙遠的冰帽如何讓整個地球保持涼爽。大自然及其野生動物為我們提供了無可替代的惠益。隨著對地球有新的認識，我們便能著手保護。正如偉大的環保主義者珍・古德説的：「只有瞭解，才會關心。只有關心，才能伸出援手。只有伸出援手，才能全員獲救。」我們可以做很多事情來保護大自然。永遠不要忘記你有能力保護地球！

教育

我們必須瞭解生態系的運作才能保護自然萬物，並且分享你學到的新知。

▶▶▶▶▶ 成為志工！ ◀◀◀◀

環保團體需要您的支援。

種樹

樹木和森林會過濾溫室氣體並製造氧氣。

太陽能

風力

核能

水力

地熱

生質能源

替代能源

為了減少溫室氣體排放，我們必須改變能源形式，並讓我們使用的能源種類更多元。

▶▶▶▶▶ 回收再利用 ◀◀◀◀◀

別只是把壞掉的東西丟掉，試著修理看看或作成其他的新玩意！

減少碳足跡

在日常生活中，減少化石燃料和燃煤能量的使用。減少用電！少開車！少用塑膠！

堆肥　紙張　塑膠　玻璃　金屬

垃圾不落地

在家裡作回收是很棒的事，但要產生更大的影響，需要更大規模的計畫。幫助每個人建立回收系統，以便在工作或上學的地方就能落實廚餘 和資源回收。

永續農業

龐大且不斷增長的人口總是需要大規模農業，但是憑著對生態學、生物學和經濟學知識的瞭解，便能投資使大規模農業為全世界帶來利潤和健康！

海洋保護區

國家公園

自然保留區

保護野生生物

為了保護重要生態系，我們需要野生生物保護區。

消費習慣

通常，服飾、電子產品和其他產品在設計時，損壞後的處理是丟棄和替換。這是在浪費寶貴的資源。 取而代之的是，對於有購買需求的東西，可以選擇長期耐用並且可維修的產品！

長期穩定的工作

純淨水源

糧食安全

對抗貧窮

當貧民沒有太多選擇，他們可能轉向非法盜獵、伐木，非永續農業和放牧、以及冒著危險採礦。當貧困社區連養活自己都有問題時，我們不能期望貧民還要承擔拯救地球責任。解決貧窮的根本問題，我們總是能找到一種不傷害地球的狀況下，能夠生活、生存與繁榮的方式。

▶▶▶▶▶▶▶ 少吃肉 ◀◀◀◀◀◀◀

飼養家畜比栽植作物還要耗費能源與資源。少吃魚和肉對世界會有幫助。

永續漁業

整個世界都需要海洋生態系，我們必須終結過漁，只有對環境負責的漁業。

節約用水

關緊水龍頭

淡水是有限的資源，在世界上許多地方都相當缺乏。節約用水也可以減少污水和廢水排入海洋。

△▽△▽△ 立法和執法 △▽△▽△

我們需要立法和執法，防止農場和工廠污染溪流、海洋和空氣。

聯絡民意代表

投票

勇於發聲

提高聲量

走出去，要求你希望看到這世界的改變。

分享知識

詞彙表

非生物性

生態系中生物以外的部分。空氣、土壤、岩石、天氣、水、養分和分子都屬於非生物。它們不是，也從來沒有活著過。

藻類

一種不開花的植物，沒有真正的根、莖或葉。通常指微觀的單細胞海洋植物，但也包括某些類型的海草，如巨海藻，可長到50公尺長。

頂級掠食者

位於食物網頂端、沒有天敵的動物。許多人認為人類是世界上最頂級的掠食者。

古細菌

單細胞生物，沒有細胞核，結構與細菌略有不同。可存在於人體腸道和沼澤中，也可存在於超酸性水域和地熱等極端環境中。

原子

最小的物質單位。不同類型的原子聚集在一起形成化合物 。相同類型的原子聚集在一起形成分子。已知宇宙中的一切都是由原子組成。

細菌

到處都是的單細胞微生物。有助於分解生物體，以及讓養分在生態系中循環，我們依賴它們維生。它們可能有害，引發疾病，但也有用來製作奶酪、葡萄酒和藥物！

大霹靂

宇宙形成論。許多科學家認為，數十億年前，只有一個無限小而密集的「奇點」。奇點爆炸後，創造了宇宙中的所有原子和物質。

生物多樣性

許多不同種的動植物棲息在特定的生態系或棲地。生物多樣性對生態系的整體健康和恢復力非常重要。只有透過生物多樣性，生態系才能適應環境變化。

生物多樣性熱點

生物多樣性相當高的生態系或地區，目前也面臨破壞的威脅。定義出這些熱點，生態學家希望在為時已晚之前著手行動來保護。

保護我的家！

生態區系

地球上具有相似氣候、動植物的區域。生態區系是以平均降雨量和溫度來定義。例如非常寒冷，乾燥的地區是苔原，而非常炎熱，潮濕的地方是熱帶雨林。

生物性

生態系中由生物或死亡的生物組成的部分。植物、動物和細菌，無論活著或死亡，都是生物。例如腐爛的倒木是生物性，因此由木材製成的椅子也是生物性的。

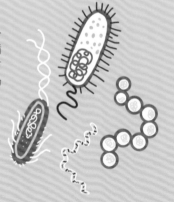

碳足跡

由特定個人或群體的行為產生的二氧化碳和消耗其他化石燃料的量。您可以累計用於居家保暖、生產糧食、駕駛汽車，飛行燃料總量等來計算自己的碳足跡。

碳匯

自然環境的一部分，吸收和儲存大氣中大量的碳。大型森林和部分海洋屬於碳匯。

碳(CO$_2$)

細胞

細胞是生物體的最小單位。可以是整個單細胞生物個體，或者組成動植物的組織。

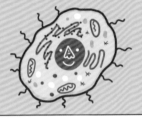

氣候

一個地區長期且規律出現的天氣和氣溫狀況。氣候與天氣不同，天氣是指在特定時間或從一天到隔天發生的狀況，而氣候是指整個季節的平均溫度和天氣狀況。

氣候變遷

明確的定義是指從十九世紀到現在，地球一直在經歷全球氣溫迅速上升。這是由於燃燒化石燃料導致大氣中二氧化碳和其他溫室氣體增加的結果。

太陽　過多的溫室氣體　滯留的熱能　大氣層

群聚

生態系中的所有生物或生物部分，以及這些動植物，真菌和細菌如何交互作用。

毀林

除去大量樹木甚至整片森林，以便將土地用於其他目的。森林經常被清除用於農田或城市發展。

沙漠化

土地沙漠化的過程中，以前肥沃的土地變成沙漠，生物群聚幾乎沒有降雨，也沒有很多植物。經過乾旱、非永續的務農和伐林，森林和草原也可以變成沙漠，通常導致「土壤死亡」。

開發

人們建立城市、城鎮或農業中心等區域，以及建設其基礎設施的過程，如道路、水壩、管線和輸電線路。

生態過度區

主要生態系統之間相交融的空間；例如，森林邊緣與草原相交的區域。生態過度區有其特色，對特定的動物的活動和保護核心生態系相當重要。

生態過度區

元素

只由一種原子形成的物質。

瀕危物種

某種面臨滅絕危機的動植物。

我們所剩無幾。　　山地大猩猩

侵蝕

風力、水力或其他天然力量在一段時間內分解物體的過程。例如，隨著時間的推移，撞擊海岸的海浪會侵蝕海岸礁石。

演化

一個生物族群的基因庫中，各種基因所占比例（基因頻率）的改變。生物繁殖將基因傳給下一代的過程中，演化就會發生。只是變化通常相當細微，需要很長的時間，才會發生顯而易見的變化，甚至變成不同的物種。

滅絕

整個物種的個體全部死亡、不再存在。度度鳥在1662年被獵捕致滅絕；最近，西非黑犀牛於2011年宣布滅絕。今天，由於氣候變遷，非法狩獵和棲地流失，許多動物瀕臨滅絕：面臨滅絕的風險。

度度鳥

願您安息

沃土

土壤品質能夠讓植物生長，富含植物所需的養分，且沒有任何有毒物質阻止植物生長。

食物網

透過生態系繪製能量流動的過程：誰吃什麼，誰從誰身上獲得能量。

溫室氣體

二氧化碳、水蒸氣、甲烷、臭氧和碳氟化合物等氣體吸收熱和太陽輻射。溫室氣體會自然產生，也是燃燒煤和石油等化石燃料的副產品。因人類活動而快速釋放的溫室氣體加速了全球暖化，導致了氣候變遷。

二氧化碳

甲烷

一氧化二氮

棲地

生物的天然居所。

外來入侵種

引入新生態系的非原生動物、植物、細菌或真菌，通常對生態系造成負面影響。外來入侵種通常會與其他物種競爭食物、陽光和空間等資源來傷害生態系。

現在這個湖是我們的了！

斑馬貽貝

關鍵物種

整個生態系統所依賴的動物、植物、細菌或真菌。如果從生態系中移除關鍵物種，整個生物群聚就會崩潰。

我蓋了許多動物需要的水壩

河狸

關鍵物種

活化石

已經存在很久的動物或植物，該物種的近親通常都滅絕了。

物質

物質由原子和分子組成，包含我們周遭一切。物質無法新創或毀滅，只能重新排列。物質透過進食和分解等各種過程在生態系中循環。

分子

原子聚集在一起形成分子，例如碳和氧都是原子。一個碳和兩個氧原子結合在一起形成二氧化碳（CO_2）。

生態棲位

某種動物、植物或其他生物如何適應生態系。生物的行為是什麼？做了什麼？生存需要哪些資源？
這些特殊角色定義牠的生態棲位。

湯氏大耳蝠

我的生態棲位中包括夜間捕食、以蛾類為食、以及群居在洞穴裡。

養分

維生素、礦物質和其他支持生命所需的物質。碳水化合物、脂肪、蛋白質、碳和水只是人類生存所需許多養分的一部分。

養分循環

生物吸收有機物和無機物質，讓這些物質在生態系中移動。養分是生物生長和修復身體的必需元素。這些養分透過呼吸、排遺和死亡後的分解等生命過程返回土壤和空氣中。碳循環和磷循環是養分循環的兩個例子。

水循環

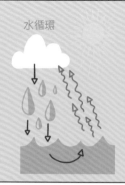

生物

活的生物個體。動物、植物、單細胞生物、甚至你：都是生物。

光合作用

植物利用陽光合成養分的過程。二氧化碳和水透過光能合成名為葡萄糖的醣類（食物！）。該過程植物釋放到大氣中的過量「廢物」是氧氣。

光合浮游生物

在水中發現的微小植物；幾乎是所有海洋生態系的基礎。

汙染

有害物質置於錯誤的地方，或是排放量錯誤且並對環境有害。

族群

一群生活在特定範圍、屬於相同物種的生物個體。我們統計族群量來瞭解有多少動物、植物或人類佔據一個區域。例如，馬里的廷巴克圖的人口大約有54,453人。

松鼠的數量

降水

水蒸氣凝結成雨或雪降落到地表。談論一個地區潮濕或乾燥時，正是要描述該區的降水量或降雨量。

初級消費者

直接從植物上攝取能量的動物，通常是食物網中的第二個營養階層。

好吃

生產者

能直接從太陽獲取能量合成食物的生物，是食物網中的第一個營養階層。

儲存庫

儲存自然資源的載體，例如冰凍的冰河或湖泊是水的儲存庫、地下岩石沉積物是磷的儲存庫、大氣層則是氧氣的儲存庫。

水的儲存庫

土壤劣化

耗盡養分的土壤。當土地被過度利用且土壤中的養分消耗速度比自然補充的速度更快時，就會導致這種狀況。通常與過度放牧或以單一作物消耗土壤有關。

物種均勻度

特定範圍內，各物種族群量（個體數量）均勻的程度。

演替

生物群聚組成，也就是各物種個體數的比例，隨時間在生態系中變化的過程。

永續性

在不破壞或消耗地球資源的情況下，能長期使用地球資源。永續利用使自然資源能夠自行補充，滿足下一代的需求。

食物鏈

能量流經食物網的階層性結構，從植物（生產者）開始，以頂級掠食者結束。顯示誰吃誰，以及誰被誰吃掉的關係。營養階層數量因生態系而異。

頂級掠食者

生產者　　初級消費者　　次級消費者　　三級消費者

天氣

特定時間的大氣狀態，可能是晴天、陰天、雨天、乾燥或其他狀態。天氣來自氣候，氣候是指長時間的平均狀態，而天氣每天、每小時，甚至每分鐘都會發生變化！

浮游動物

在水中棲息的微小動物。通常是海洋食物鏈中的次級消費者，以浮游植物為食。

121

參考文獻

在本書的寫作過程中，我閱讀了書籍和科學論文，觀看了紀錄片和影片。我參觀了國家公園，甚至前往聯合國與計畫顧問討論赤道倡議。 以下是我使用的一些資訊來源。我希望你花時間閱讀，觀看和學習更多有關美好世界的資訊！
有關完整的參考書目，請參考我的網站 rachelignotofskydesign.com/the-wondrous-workings-of-planet-earth。

網站與組織

關鍵生態夥伴基金會 www.cepf.net/

大英百科全書 Britannica.com

赤道倡議 www.equatorinitiative.org

大沼澤地國家公園（美國國家公園管理局）
www.nps.gov/ever/index.htm

紅樹林行動計畫 mangroveactionproject.org

莫哈韋國家保護區（美國國家公園管理局）
www.nps.gov/moja/index.htm

酸土草原協會 www.moorlandassociation.org

美國太空總署：氣候變遷與全球暖化
climate.nasa.gov/evidence

野生動植物基金會 www.nfwf.org

美國國家海洋暨大氣總署 www.noaa.gov

全國野生動物協會 www.nwf.org

美國海洋保育協會 oceana.org

紅杉國家公園（美國國家公園管理局）
www.nps.gov/redw/index.htm

美國高草草原國家自然保護區（美國國家公園管理局）
www.nps.gov/tapr/index.htm

聯合國永續發展目標 sustainabledevelopment.un.org/sdgs

美國環境保護署 epa.gov

聯合國教科文組織世界襲產中心 whc.unesco.org

世界自然基金會 wwf.panda.org

野生生物基金會 www.worldwildlife.org

書籍

Callenbach, Ernest. 2008. Ecology: A Pocket Guide. Berkeley and Los Angeles: University of California Press.

Houtman, Anne, Susan Karr, and Jeneen Interland. 2012. Environmental Science for a Changing World. New York: W. H. Freeman.

Woodward, Susan L. 2009. Marine Biomes: Greenwood Guides to Biomes of the World. London: Greenwood Press.

電影及影片

Africa. Produced by Mike Gunton and James Honeyborne. Performed by David Attenborough. BBC Natural History Unit, 2013.

Ecology—Rules for Living on Earth: Crash Course Biology. Performed by Hank Green. Crash Course Biology, October 29, 2012.

Frozen Planet. Produced by Alastair Fothergill. Performed by David Attenborough. BBC Natural History Unit, 2011.

Planet Earth II. Produced by Vanessa Berlowitz, Mike Gunton, James Brickell, and Tom Hugh-Jones. Performed by David Attenborough. BBC One, 2017.

致謝

我想對幫助我研究、撰寫和創作本書的每個人表示衷心的感謝。您的支持對我來說就是全世界的一切！

首先，我要感謝傑出編輯女王 Kaitlin Ketchum 她對這個計畫的信念以及她對出版教育書籍的熱情讓我實現我的工作成果。非常感謝您的所有的觀點、支持和精彩的編輯！

讓我對我的十速部隊的其他夥伴和令人驚豔的技能的大聲歡呼。非常感謝總是豪華的宣傳和行銷團隊：Daniel Wikey 和 Erin Welke，將這些書帶給大家！感謝 Kristi Hein 的編輯和校稿！由於 Jane Chinn 的製作工藝和設計師 Lizzie Allen 才華洋溢的排版風格，我的書才能看起來這麼好。

感謝我的經紀人 Monica Odom，總是在背後支持我，成員全職的女老闆，幫助我所有的書籍幻想得以實現。

特別感謝 Eva Gurria、Martin Sommerschuh 和 Natabara Rollosson 在聯合國與我會面並與分享赤道倡議的工作和故事。

感謝我的至友 Aditya Voleti 幫我查證事實和在半夜散步聊天。我愛我的先生 Thomas Mason IV，幫助查證事實、供養我的生活，成為我的終極啦啦隊隊員，有助於讓這本書和我的生活變得美好。最後，非常感謝我的家人對戈托夫斯基家的愛和鼓勵。

關於作者

瑞秋・戈托夫斯基是紐約時報的暢銷書作家兼插畫家。她是【勇往直前：50 位傑出女科學家改變世界的故事】和【無畏先鋒：50 名無所畏懼的女性運動員的故事】。 有了這本書，她想向讀者介紹自然、生態和保護這個令人興奮的世界！

她的作品受到歷史和科學的啟發。她認為插圖是一種強大的工具，可以讓學習變得興奮有趣。瑞秋希望透過她的作品傳播關於科學素養和女權主義的資訊。

你可以在她的 Instagram @rachelignotofsky 和網站 rachelignotofskydesign.com 找到她。

索引

2AB716

美麗的地球：圖解生態系，了解我們生存的自然環境

作　　者／Rachel Ignotofsky
譯　　者／林大利
編　　輯／單春蘭
特約美編／劉依婷
封面設計／走路花工作室

行銷企劃／辛政遠
行銷專員／楊惠潔
總 編 輯／姚蜀芸
副 社 長／黃錫鉉

總 經 理／吳濱伶
發 行 人／何飛鵬
出　　版／創意市集
發　　行／城邦文化事業股份有限公司
歡迎光臨城邦讀書花園網址：www.cite.com.tw
香港發行所／城邦（香港）出版集團有限公司
香港灣仔駱克道193 號東超商業中心1 樓
電話：(852) 25086231 傳真：(852) 25789337
E-mail：hkcite@biznetvigator.com
馬新發行所／城邦(馬新) 出版集團
Cite (M) Sdn Bhd 41, Jalan Radin Anum, Bandar Baru Sri
Petaling, 57000 Kuala Lumpur,Malaysia.
Tel：(603) 90578822
Fax：(603) 90576622
Email：cite@cite.com.my

印刷／凱林彩印股份有限公司
2021 年（民110）4月初版一刷Printed in Taiwan.
定價／680 元

This translation published by arrangement with Ten Speed Press, an
imprint of Random House, a division of Penguin Random House LLC
through Bardon-Chinese Media Agency

國家圖書館出版品預行編目資料

美麗的地球：圖解生態系，了解我們生存的自然環境/
Rachel Ignotofsky作. – 初版. – 臺北市：創意市集出版：城邦
文化發行，民108.09　面； 公分
譯自：The wondrous workings of planet Earth：understanding
our world and its ecosystems
ISBN 978-957-9199-63-6(精裝)

1.生態系

367.8　　　　　　　　　　　108011499

●若書籍外觀有破損、缺頁、裝釘錯誤等不完整現
　象，想要換書、退書，或您有大量購書的需求服
　務，都請與客服中心聯繫。

客戶服務中心
地址：10483 台北市中山區民生東路二段141號B1
服務電話：（02）2500-7718、（02）2500-7719
服務時間：週一 ～ 週五9：30～18：00
24小時傳真專線：（02）2500-1990～3
E-mail：service@readingclub.com.tw

※詢問書籍問題前，請註明您所購買的書名及書號，
　以及在哪一頁有問題，以便我們能加快處理速度為
　您服務。

※我們的回答範圍，恕僅限書籍本身問題及內容撰寫
　不清楚的地方，關於軟體、硬體本身的問題及衍生
　的操作狀況，請向原廠商洽詢處理。

廠商合作、作者投稿、讀者意見回饋，請至：
FB 粉絲團 http://www.facebook.com /InnoFair
E-mail 信箱 ifbook@hmg.com.tw